新文京開發出版股份有限公司

NEW WCDP

新世紀．新視野．新文京 — 精選教科書．考試用書．專業參考書

New Wun Ching Developmental Publishing Co., Ltd.

New Age · New Choice · The Best Selected Educational Publications — NEW WCDP

第**4**版

物理實驗

林昭銘 陳文杰 林樹枝　編著

EXPERIMENTS
IN PHYSICS　4th Edition

國家圖書館出版品預行編目資料

物理實驗 / 林昭銘, 陳文杰, 林樹枝編著.
-- 四版. --新北市：新文京開發, 2019.08
面 ； 公分

ISBN 978-986-430-549-0(平裝)

1.物理實驗

330.13 108013518

物理實驗（第四版） （書號：**E290e4**）

編 著 者	林昭銘 陳文杰 林樹枝
出 版 者	新文京開發出版股份有限公司
地 址	新北市中和區中山路二段 362 號 9 樓
電 話	(02) 2244-8188（代表號）
F A X	(02) 2244-8189
郵 撥	1958730-2
初 版	西元 2007 年 09 月 06 日
二 版	西元 2010 年 09 月 01 日
三 版	西元 2015 年 08 月 20 日
四 版	西元 2019 年 09 月 01 日

　　本書的編寫目的在於提供修習普通物理實驗之學生使用，實驗內容力求簡單扼要，以深入淺出的描述方式，希望修課學生能夠透過動手操作與觀察，進而收集資料、分析資料，以達到理論與實務並行的目的，並藉由實驗的進行，讓學生對於物理基本原理有更深一層的瞭解。在實驗進行過程中培養學生對於理論值的比對、分析、挑錯之基本數理推理能力，實驗報告中穿插結果之討論，期望可以培養學生團隊合作之精神與溝通之技巧。

　　本書之實驗項目仍然以傳統式之儀器設備為主，部分重點實驗項目已經數位化，目前力學、光學與電磁學重點實驗設計以數位化物理實驗之方式進行，其目的在於經由電腦化介面、應用軟體及計算程式的運作，擴大普通物理實驗的教學效率與實驗內容。本書在此次的改版中，針對部分實驗作了些許的修改，以期更符合教學上的實際需求。

　　本書的出版要特別感謝鍾瑞洲先生於數位化實驗的協助編寫，文京出版機構編輯部同仁的大力協助，諶凱英小姐細心的校正。本書雖經再三詳校，若有闕漏不全之處，期盼各界不吝繼續給予指正，甚為感謝。

林昭銘 謹序

目　錄

實　驗 Experiments

附　錄 Appendix

普通物理實驗室安全守則
與實驗室規定

1. 為維護上課與實習安全，進入實驗室應確實遵守實驗室之規定，以利實驗之進行與理論之學習成效。

2. 敬請維持實驗室內的安靜與整潔，實驗室不可喧鬧嬉鬧。

3. 實驗室內嚴禁攜入飲料食物等，礦泉水請將瓶蓋拴緊，勿置於實驗桌上，以避免觸電之危險。

3. 實驗室所有之電腦設備為提供實驗使用，不准私自安裝軟體。

4. 實驗完畢只准列印實驗相關之圖表，不能列印非實驗之文件。

5. 愛惜使用實驗設備，上課前組長須先檢查實驗項目與設備之完整性，若有缺損請立即通知老師。

6. 老師未操作示範前，或未確實瞭解儀器性能及操作程序前，請勿動手或擅自拆卸儀器。

7. 若儀器發生故障或有疑問時，應立即報告老師，勿擅自處理，以免發生危險或是造成儀器的損壞。

8. 實驗結束經檢查儀器無誤後，需將儀器恢復至實驗前的狀態，才可離開。

9. 若有未盡事宜，以實驗室公共衛生安全守則為主。

10. 實驗完畢應將實驗觀察數據整理，並於離開實驗室前繳交實驗報告，若是未能即刻繳交且沒有先報告老師而缺交，該次實驗成績以零分計算。

11. 期中考試與期末考試分成筆試與操作考兩種，各佔學期成績百分之二十。

12. 實驗報告佔學期成績百分之四十，請假者報告成績不列入計算，缺課、缺交者以零分計算。

13. 實驗平時成績考核佔學期成績百分之二十，重點為出缺席狀況、儀器使用與是否收妥、是否違反實驗室規定等。

14. 大膽假設，小心求證，安全第一。

班級：_____學號：_____學生簽名：_____日期：_____

實驗觀察與分析之基本態度

　　普通物理實驗的目的在於透過動手操作與觀察，進而收集資料、分析資料，以達到理論與實務並行的目的，並藉由實驗的進行讓學生對於物理基本原理有更深一層的瞭解。在實驗進行過程中培養學生對於理論值的比對、分析、挑錯之基本數理推理能力，在結論與討論中可以培養學生團隊合作之精神，因此，普通物理實驗為理工科系學生基礎課程中非常重要的一門科目。

　　數位化物理實驗之目的在於經由電腦化介面、應用軟體及計算程式的運作，擴大普通物理實驗的教學效率與實驗內容。在實驗進行中藉由電腦化與多媒體的應用，期望提高學生修習普通物理實驗之興趣。傳統之計算能力是學習理工科系學生不可或缺的能力，在數位化之後就由系統輔助普通物理教學，並兼顧啟發科學素養及認識電腦在物理上的運用。

　　本課程之編排期望建立完整的科技教學實驗環境與教學素材，使教學朝向科學標準化的目標邁進，傳統與數位並行的教學目標是現今歐美國家基礎教育的一個方向，目前許多國家，在科學教育上都朝向培養更多科技人才的方向進行，其中有下列三大特點值得觀察與注意：

1. 數理基本運算能力依舊是非常重要的一個重點，歐美國家的教育體制注意到亞洲學生基本運算能力相較為高，在數位化過程中對於學生觀察、推理、計算等能力依舊不可忽視。

2. 教學與評量重視標準化，在科技社會中培養學生標準化的觀念是非常重要的，科學教育不可出現模糊的答案，或是形容詞類的描述，應該著重在標準化。

3. 電腦在生活中的比重日益增加，數位化物理實驗期望運用最新的電腦科技解決課堂上的問題。

　　電腦化物理實驗將實驗設定時間縮短，部分實驗同學可以以傳統與電腦化之實驗相互比對。數位化之實驗項目數據在實驗過程中及時的顯示，學生可立刻觀察實驗條件與結果的關係。

量度極限與有效數字

在進行物理實驗中，最常遇到的問題是，計算完成的結果在計算機上顯示了許多的數字，同學往往不知如何取決，殊不知一旦選取錯誤，不僅其答案不正確，有時會在表達上造成一定程度的誤會，這個地方就要解釋有效數字的重要性，並介紹量度的極限。

其實物理學是許多工程應用的始祖。物理是一門科學，既然是科學在表達上就和許多學科有著一定程度的差異，最明顯的地方在於表達方式，許多學科是可以允許形容詞的存在，然而在物理學裡面，我們都是以數值的大小來表達其大小。在早期還沒有統一度量單位時，人們可以以所謂的默契來溝通，例如：把美麗分成十個等分，走在路上，欣賞花朵就可以跟周遭的人說，這些花真美，有 9 分那麼多，這個女孩有 6 分的美麗，這種溝通方式就是科學研究的基本精神。

在物理實驗中同學會遇到許多的數字要表達，在科學研究中數字的展現其實都有涵意的，許多同學會認為身高 170 公分的人，說成 170.0 公分和 170.00 公分，殊不知這代表著量測此人身高的那個量測工具的精準度，以下的量測極限就是要說明數字的表示方法。

各種物理量度，都是直接由儀器或感官測量的，無論儀器怎樣精密，感官怎樣靈敏，其量度的準確性都有其極限，例如用直尺測量一本書的長度時，無論尺的刻度是如何精密，即使在開始量度時，書的一端能對準刻度，但在最後一端就不一定能恰好對準刻度，常跨於兩刻度之間，故最後一位的讀數，都是由觀察者自己加以估計的，故由量度所得之物理量，其準確度都是有其極限的。

由上可知，凡由量度所得之物理量，其末位數字都是估計來的，是一近似值。如果我們量度時多寫了一位數，則非但無意義，同時也易使人發生誤解其精確性。故物理量都該是由準確數字和估計數字所組成，由此組成的數字，稱為有效數字 (significant figures)。

有效數字＝準確數字＋1 位估計數字

用儀器測定物理量，儀器愈精密，量度出的有效數字位數就愈多，測出的數量也就愈準確，例如尺的最小刻度為公分，則它所量度出的長度之物理量，其準確數字為公分以上的數字，其估計數字為公分以下之一位數字，若尺的最小刻度為公

釐，則它所量出之物理量，其準確數字可至公釐以上的數字，其估計數字為公釐以下之一位數字，我們若用此兩種不同刻度的尺去量度同一物理的長度時，則所記錄的有效數字就不同了。刻度為公釐之尺比刻度為公分之尺就能多出一位數字來。例如用刻度為公分之尺，量度所得之物理量為 17.3 公分，如果用刻度為公釐之尺，則量度所得的物理量可至 173.0 公釐（＝17.30 公分），則前者為三位有效數字，而後者有四位有效數字，後者比前者多了一位有效數字。

我們用尺量度物體長度時，若量度得物體的長恰好是 12 公分時，我們在記錄時應記為 12.0 公分，表示 12 為準確數字，0 為估計數字，有效數字為三位，切勿把它記錄為 12 公分，否則只有 1 是準確數字，而 2 為估計數字，有效數字為二位準確度就相差了十倍。

再者，我們用儀器量度某物理量，若其數值甚大，而有效數字又不多時，應採用 10 的乘方來表示，用許多的零來表示位數，以免不知其有效數字有幾位？如地球半徑為 6,380,000 公尺，其有效數字只有三位，應將它寫成 6.38×10^6 公尺。髮絲直徑為 0.00003 公尺，其有效數字只有一位，應將它寫成 3×10^{-5} 公尺。

百分比誤差

凡是由量度法所得之物理量，其測定值常與公認值（真實值）不相等，例如重量加速度公認值為 980 公分／秒 ^{2}，若我們實際的測定值為 982 公分／秒 ^{2}，二者相差 2 公分／秒 ^{2}，此二者的差，稱之為誤差。誤差與公認值的比值，以百分數表之，稱為百分誤差。

數位化物理實驗數據
及收集

750 USB 型介面

圖 1

1. 750 USB 介面組，包含三項：

項次	中文品名	英 文 品 名	型 號
1	750USB 介面	ScienceWorkshop 750 USB Interface box	CI-7599
2	變壓器	AC Adapter, 12 VDC, 60 Hz, 40 W	540-034 或 540-035
3	USB 連接線	USB cable	514-016

2. 其他必須之設備

項次	中文品名	英 文 品 名	型 號
1	具 USB 萬用序列埠之電腦	USB-compatibel Computer	
2	感應器	Any *ScienceWorkshop* Sensor	
3	1.7 版以上操作軟體	DataStudio , version 1.7 or Later	CI-6980 或 CI-6981

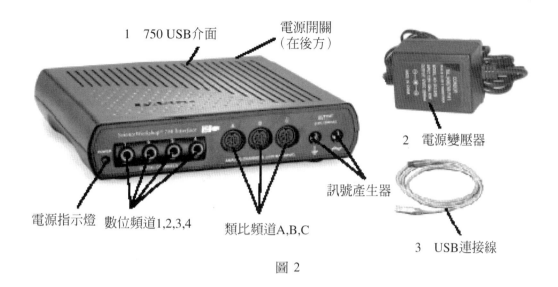

圖 2

一、750 USB 介面簡介

　　PASCO 750 USB（Unicersal Serial Bus 萬用序列埠）介面可與數位化物理實驗系列的各種感應器搭配來擷取實驗數據。750 USB 介面與 750 SCSI 介面的功能完全相同，唯一的差異在於與電腦的連結方式，750 USB 介面利用 USB 來與電腦連結，而 750 SCSI 介面則是用 SCSI 或 RS-232 來與電腦連結。在使用 750 USB 介面時，只要利用 USB 連接線與電腦連結，並接上相關的感應器，搭配數位化物理實驗操作軟體即可進行實驗數據的收集。

　　750 USB 介面只能與 1.7 版以上的數位化物理實驗操作軟體(DataStudio)相容，因此，在使用以前請先確認你所使用的軟體是否為 1.7 以上的版本。此外，750 USB 介面能夠與數位化物理實驗系列的各種感應器來搭配使用，若需搭配探險家系列的感應器則需使用轉接器。

圖 3

二、電腦需求

1. **個人電腦處理器**：Pentium Processor 以上，具有 USB 連接端，作業系統需為 windows 98、ME、2000 或 XP，若是 Windows 3.1、95 或 NT 4.0 則不適用。

2. **蘋果電腦處理器**：PowerPC Processor 以上，具有 USB 連接端，作業系統需為 OS 8.6 以上。

三、750 介面一般操作及設定

（一）儀器的操作簡介

750 USB 介面必需搭配 1.7 版以上的數位化物理實驗操作軟體(DataStudio)以及數位化物理實驗系列的感應器。

- 750USB 介面是不防水的，為避免損壞儀器以及增加觸電的危險，如介面、電源線、連接線等相關的設備應遠離液體，並保持乾燥。
- 此外，保持介面盒的通風，介面盒的上下左右不要堆放物品，避免造成過熱的現象，而損壞介面。

（二）電腦與介面之連接

1. 先在電腦上安裝數位化物理實驗操作軟體（1.7 版以上）。
2. 將USB連接線扁頭的一端插入電腦的USB連接埠。
3. 將USB連接線方頭的一端插入介面後方的連接埠。
4. 插上 750 介面的電源線。開啟 750 的電源，電源鈕位在 750 介面後方，電源開啟後，位在 750 介面前方左邊的電源指示燈會亮起。

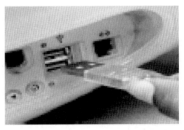

圖 4　電腦的 USB 連接埠

（三）感應器與介面連接

1. 類比式感應器(Analog Sensor)：將 DIN 連結端插入頻道 A 或 B 或 C 皆可。
2. 數位式感應器(Digital Sensor)：將 DIN 連結端插入頻道 1 或 2 或 3 或 4 皆可。

（四）數位化物理實驗軟體之使用

1. 將感應器插入適當的頻道，並開啟數位化物理實驗軟體，雙擊「開啟新實驗」。
2. 在感應器列表點選欲使用的感應器，托曳至與步驟 1 相對應的頻道。
3. 在顯示列表上，點選欲使用的顯示，托曳至數據欄相對應的感應器上。
4. 欲收集資料時，在主要工具列選項中，按下「啟動」即可收集資料。

5. 停止收集資料時，在主要工具列選項中，再按下「停止」即可停止收集記錄資料在實驗間變換介面。

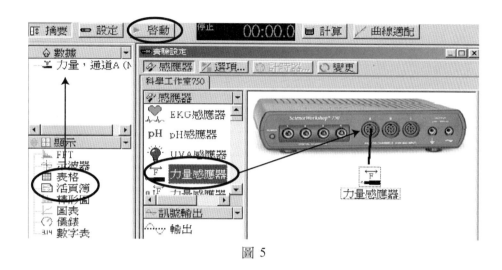

圖 5

（五）不同介面之變更

　　數位化物理實驗操作軟體無法同時使用在不同類型的介面上，因此若需要改變介面種類，可在數位化物理實驗操作軟體的實驗，設定視窗選項中點選「變更」並選擇新的介面，按下「確定」即可更換成新介面。

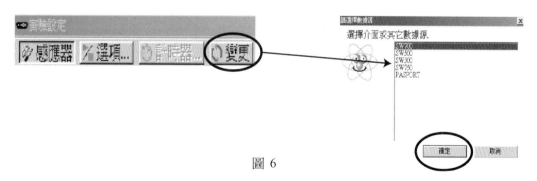

圖 6

四、訊號產生器

（一）功能：將 750 介面當作訊號產生器，不需電源放大器

　　750 介面內建功能產生器，可產生 8 種不同之波型，在使用時並不需要電源放大器，750 介面的訊號產生器輸出範圍值 DC 至 50 KHz，振幅 ±5V，電流 ±300 mA，詳細的規格請參閱「七、詳細規格」。

（二）使用方法

1. 將一條槍型線的一端插入 750 介面前方右邊的接地頻道 ⏚ ，另一端則可插在電路板的負極端。

2. 再取另一條槍型線的一端插入 750 介面前方右邊的訊號產生頻道 ∿，另一端則可插在電路板的正極端。

3. 在感應器列表的最下方點選「訊號產生器」，會出現一個新視窗。

4. 在訊號產生器視窗中，可利用＋、－來調整振幅或頻率，▲、▼則是改變每次調整的單位，當然亦可以在欄位中直接輸入數值。可選擇欲使用的波型種類、振幅、頻率、輸出電壓值等各種參數，設定好參數之後，選擇右邊的「自動」。

5. 按下「開啟」即可產生並輸出訊號。

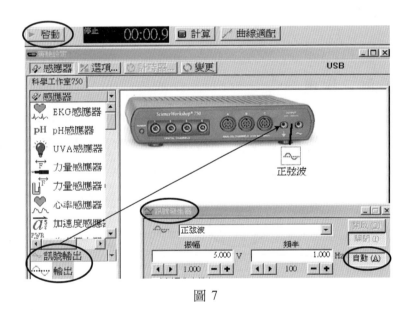

圖 7

五、與電源放大器搭配使用

　　當 PASCO 的電源放大器(CI-6552A)與 750 介面搭配使用時，可讓 750 介面訊號產生器之輸出功能提升成 1A、±10V。

　　　　為了避免造成儀器損壞，一定要先開啟電源放大器的電源，然後再開啟數位化物理實驗操作軟體，否則將會損壞你的電腦。

　　將電源放大器的 DIN 接頭插入 750 介面的類比頻道，取二條槍型線一端插在電源放大器前方的輸出頻道，另一端則插入電路板或其他目的端。按下位於電源放大器後方的電源鈕，開啟電源，當操作使用電源放大器時，前方的綠燈會亮起，但是當超過 1A 時（即超出安全值），會變成紅燈，此時應立即降低電壓值。

　　將電源放大器的 DIN 接頭插入 750 介面的類比頻道，取二條槍型線一端插在電源放大器前方的輸出頻道，另一端則插入電路板或其他目的端。按下位於電源放大器後方的電源鈕，開啟電源，當操作使用電源放大器時，前方的綠燈會亮起，但是當超過 1A 時（即超出安全值），會變成紅燈，此時應立即降低電壓值。

（一）電源放大器 CI-6552A 與 750 介面之連接及軟體操作

1. 開啟電源放大器電源。將電源放大器所附的 DIN 插頭插入 750 介面的類比頻道 A。

2. 開啟數位化物理實驗操作軟體。在感應器列表中點選「功率擴大器」托曳至視窗上 750 介面的類比頻道 A，此時會出現電源放大器的小圖示。

3. 在「訊號發生器」視窗中，可自行選擇所需之波型，如直流電或正弦波等。

4. 可利用 +、- 來調整振幅或頻率，▲、▼則是改變每次調整的單位，當然亦可以在欄位中直接輸入數值。在「訊號發生器」視窗的右邊可選擇「輸出」、「關閉」或「自動」，一般多點選「自動」。

5. 設定好參數後，按下工具列中的「開啟」即可輸出訊號。

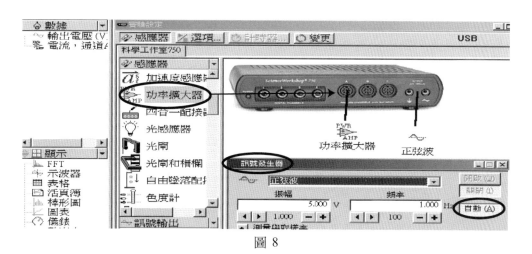

圖 8

（二）利用數位化物理實驗軟體觀看輸出之訊號

1. 在數據欄中點選輸出電壓的小圖式，拖曳至下方的模式欄中的適當顯示模式，如圖形、示波器等。

2. 按下工具列中的「啟動」即可開始。

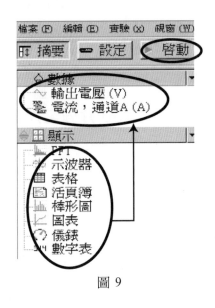

圖 9

（三）可選擇觀看電壓或電流

1. 在「訊號發生器」視窗下方點選「測量與取樣率」後可勾選電壓及電流。

2. 欲觀察電壓值，則在資料欄點選「電壓」小圖示，按上述方式來觀看。

3. 欲觀察電流值，則在資料欄點選「電流」小圖示，按上述方式來觀看。

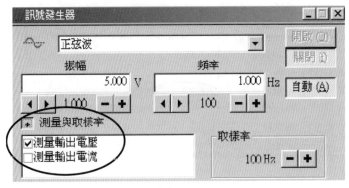

圖 10

六、常見疑難排解

問　　　題	解決方式
介面並未開啟。	確認電源有確實插上，並有開啟電源；確認 USB 連接線有確實插在介面與電腦。
我的電腦無法辨識介面，並要求安裝驅動程式。	確認你所使用的數位化物理實驗操作軟體為 1.7 以上之版本，若使用 1.7 以下之版本，將無法辨示介面。
當介面與電腦連接後，我無法使數位化物理實驗軟體來收集數據。	再確認電源線以及 USB 連接線，都有確實安插並按正常程序開啟數位化物理實驗軟體，在實驗設定視窗中，點選「Change」並選擇「SW750」，按下 OK 即可。
我要同時使用 750USB 介面以及探險家精靈來收集數據。	數位化物理實驗操作軟體一次僅能使用一種數據收集介面，無法同時使用 750 介面及探險家精靈。
我要在數位化物理實驗操作軟體下，進行 750 USB 與 750 SCSI 兩種介面的轉換。	對數位化物理實驗操作軟體而言，750 USB 及 750 SCSI 兩者是相同的，都是使用同一個「實驗設定」視窗；當你使用 750 USB 介面時，在「實驗設定」視窗下方會有「USB」符號，可利用「Change」讓二種介面來進行轉換。
我無法利用介面來使用電源放大器。	確認電源放大器的類比連結線有插入 750 介面的類比頻道 A、B 或 C 三者中（其中任一個頻道都可），並有確實開啟電源；此時數位化物理實驗軟體的設定是否正確，如果你將電源放大器類比連接線插在介面的 A 頻道，則軟體設定時也要設定在 A 頻道，如插在介面的 B 頻道，則軟體設定時也要設定在 B 頻道。

七、詳細規格

Power	12 VDC to 20 VDC at 2 A, 2.1 mm jack
Computer Connection	Universal Serial Bus (USB), 12 Mbps maximum data transfer rate
Digital Channels	• 4 input/output channels • TTL compatible input/output levels with 8 mA maximum drive current • Maximum input logic transition time: 500 ns • Electrostatic Discharge (ESD) protected inputs, assuming the human body model standard, Mil-Std-3015.7 • Digital input: Edge sensitive and sampled at 10 KHz (100 μs), (1 μS resolution for the Motion Sensor)
Analog Channels	• 3 identical channels with differential inputs and 1 M ohm impedance • +/− 10 V maximum usable input voltage range (+/− 12 V absolute maximum input voltage range) • ESD-protected input similar to that of the digital channels • 3 voltage gain settings on each analog channel (1, 10, and 100) • Small signal bandwidth up to the ADC: 1 MHz for a gain of 1, 800 KHz for a gain of 10, and 120 KHz for a gain of 100; input amplifier slew rate: 1.2 V/ μs (The actual bandwidth is determined by the sampling rate of the ADC).
Analog-to Digital Conversion	• 5 input sources for the 12-bit ADC: channels A-C, signal generator analog output voltage and current • Voltage resolution at the ADC input: 4.88 mV (0.488 mV at a gain of 10; 0.049 mV at a gain of 100) • Current measurement resolution: 244 μA, where each volt measured represents 50 mA • Offset voltage accuracy < +/− 3 mV (For measuring full-scale voltages (or 1 V with a gain of 10, etc.), the total error will be less than +/− 15 mV, accounting for the gain error in the input amplifier. • Sample rate range: once every 3600 seconds -250 KHz (The conversion time between consecutive channels in a burst is 2.9 μs) • 8x oversampling for improved accuracy for sample rates <100 Hz.
Analog Output	• DC value ranges: −4.9976 V to +5.0000 V in steps of 2.44 mV • Accuracy at the DIN connector: (+/−3.6 mV +/−0.1% full scale) • Peak-to-Peak amplitude adjustment ranges for the AC waveform: 0 V to +/− 5 V in steps of 2.44 mV • AC waveform frequency ranges: 1 mHz (0.001 Hz) − 50 KHz, +/− 0.01% • Maximum amplified output at the banana jacks: about 300 mA at +/− 5 V, current limited at 300 mA +/− 12 mA

八、常見問題

1. 什麼是 750 USB 介面？

750 USB 介面是 PASCO 新開發的介面，支援 USB 系統並透過 USB 與電腦連結。750 SCSI 介面則是另一種介面，僅支援 SCSI 系統，必需額外添購 SCSI 卡才能與電腦連結。

2. 750 SCSI 與 750 USB 介面是否有其他的差異？

沒有。除了與電腦連接的方式不同之外，750 USB 與 750 SCSI 介面的其他功能全部都相同，但是必需要注意的是 750 USB 介面只能在新的數位化物理實驗操作軟體，且是 1.7 以上版本才能使用。

3. 我如何得知我的電腦是否有 USB 或 SCSI 連接端？

請察看你電腦後方的連結端是否有 USB 的符號，一般而言，2001 年以後生產之電腦，大部分皆有 USB 連接端，而 SCSI 連接端通常需要一張 SCSI 卡，且是 50 pin 的連接端，如果你仍不確定你的電腦是否有 USB 或 SCSI 可向一般電腦廠商尋問。

4. 我的電腦有 2 個 USB 連接端，是否表示我可以同時連接及使用 2 台 750 介面？

你可以同時將 2 台 750 介面與電腦連結，但是數位化物理實驗操作軟體僅會辨示其中一台 750 介面，換言之，一台電腦一次僅能使用一台介面。

5. 750 USB 介面是否與 PASCO 的探險家系列感應器相容？

不相容。二者感應器是不同的系統，750 USB 介面只能與數位化物理實驗 CI 系列超過 40 種的感應器相容使用。

6. 我的電腦具有 USB 連結功能，對於我要購買 750 SCSI 或 750 USB 是否有影響？

並沒有任何影響。USB 系統是一種新的電腦技術，可隨插即用，目前一般新購買的電腦皆有支援 USB；此外 USB 系統另一個優點是不需要購買 SCSI 卡，可節省費用，而且 USB 使用上也較 SCSI 簡便。

7. 我的電腦較為老舊並沒有 USB 連結端，我是否也可以使用 750 USB 介面？

有可能。只要你的電腦作業系統是 Windows 98、2000、ME 或 XP，就有可能可以使用 750 USB 介面，請先至電腦商店購買 USB 連接埠，裝在電腦後且安裝好

相關驅動，並測試看看你的電腦是否有偵測到 USB 裝置，如果有便可以使用 750 USB 介面。

8. 750 USB 介面是否也像 750 SCSI 介面一樣，具有串聯的功能？

否。750 USB 介面只能藉由 USB 連接端與電腦連接。

9. 如果我同時接上 750 USB 與探險家精靈，哪一種介面會先被數位化物理實驗軟體所辨示及使用呢？

不一定，數位化物理實驗軟體會根據你所選擇的介面而決定，如果你點選「PASPORT」則會辨識探險家精靈，如果點選「SW750」則會辨識 750 USB 介面；但如果探險家精靈內有儲存數據資料或是有連結感應器，則數位化物理實驗軟體會自動開啟並將探險家精靈內的儲存數據資料匯入電腦。

DataStudio 使用方式

一、軟體開啟畫面

　　打開 DataStudio 軟體之後，會出現四個選項視窗：

1. 開始活動：也就是所謂開啟舊檔。
2. 建立實驗：也就是開啟新檔。
3. 輸入數據：可人工輸入數據，DataStudio 會將輸入的數據繪製成圖形。
4. 繪製方程式的圖表：可自行輸入方程式，DataStudio 會自動將輸入的方程式繪製成圖形。

圖 11

二、建立實驗

1. 開啟 GLX 電源並接上電腦。

2. 在 DataStudio 的起始畫面點選建立實驗。

3. 會出現圖(a)之新視窗，並出現：接上一個 PASPORT 感應器的訊息。

4. 接上一個感應器，以溫度感應器為例。

5. 感應器接上之後，在左邊的數據欄會出現一個溫度的小圖形，在工作區則會出現一個 Y 軸為溫度，X 軸為時間的記錄圖形，如圖(b)。

6. 按下工具列上的啟動，即可開始記錄數據。

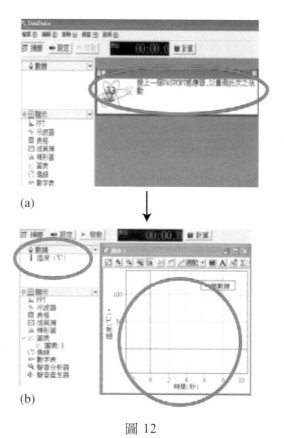

(a)

(b)

圖 12

三、主要畫面說明

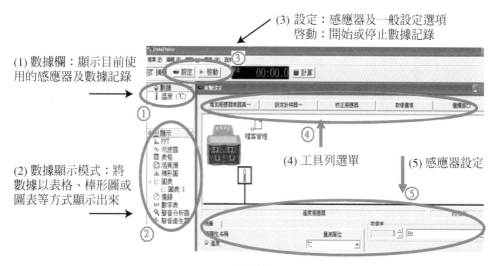

(3) 設定：感應器及一般設定選項
　　 啟動：開始或停止數據記錄

(1) 數據欄：顯示目前使用的感應器及數據記錄

(2) 數據顯示模式：將數據以表格、棒形圖或圖表等方式顯示出來

(4) 工具列選單

(5) 感應器設定

圖 13

四、感應器選取

如何選擇感應器進行量測？

1. 點選「設定」。

2. 點選「增加感應器或器具」。

3. 選擇感應器種類，如：數位化物理實驗類比感應器、數位化物理實驗數位感應器、PASPORT 感應器或器具。

4. 在此以點選 PASPORT 感應器為例。再選擇所要用的感應器，按下「確認」即可。

5. 在數據欄會出現你所選擇的感應器。

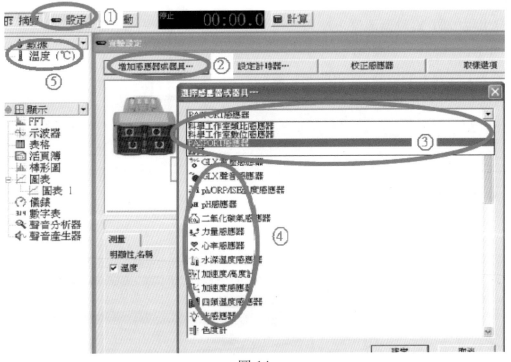

圖 14

五、圖表工具列說明

圖 15

圖　例	功　能	說　明
	全屏顯示	具有自動調整圖形至適當大小的功能。
	放大	具有放大的功能。
	縮小	具有縮小的功能。
	區域選取	區域選取。
	對齊符合 X 軸的刻度	需有兩個以上圖形方可使用。可使螢幕上所有顯示圖形的 X 軸對齊。如此可對齊所有圖形的時間軸。
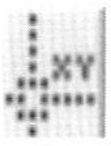	智能工具	可標示出座標值以及差距值。
	斜率工具	可計算斜率及作圖。
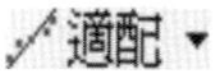	回歸工具	可進行不同的回歸分析（對數、直線…等）。
	計算機	具計算機功能，並可設定不同的方程式。
	記事	具有註解的功能。
	繪製預測路徑	可將預測的可能圖形路徑繪製出來。
	統計工具	具最大最小值、次數、面積等統計功能。
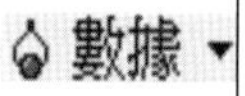	數據選單	可選擇在螢幕上顯示或不顯示各次的實驗數據。
	移除工具	移除功能。
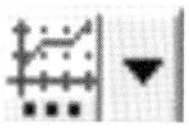	設定工具	圖例參數設定。

六、座標軸單位之改變

　　將滑鼠移至座標軸的單位上，按下左鍵，會出現單位選單，選擇所需的單位即可。（必須要有實際的量測才可改變單位。例如同時量測溫度以及 pH 值，此時便可以將 x 軸的單位由時間改為溫度或 pH 值。）

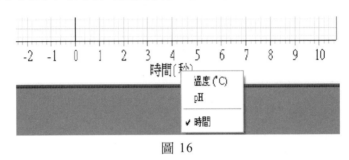

圖 16

七、DataStudio 電子工作簿——影片與實驗數據編輯說明書

1. 安裝好實驗設備，利用 DataStudio 收集數據，將數據儲存。此外，並將實驗過程拍攝成影片。

   【註：影片的格式需為 quick-time 格式。】

2. 開啟步驟 1 所儲存的實驗數據，在 DataStudio 視窗左下方，點選活頁簿。會出現「活頁簿」編輯視窗。

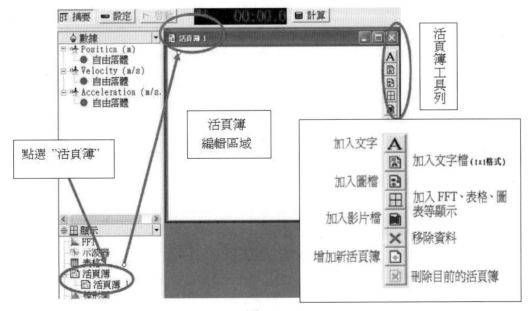

圖 17

3. 在活頁簿的工作列中點選「 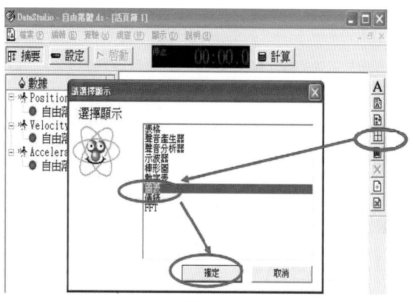 」，此時會出現新視窗，選擇圖表，按下「確定」，
在活頁簿的工作區會出現「圖表」的新視窗。

圖 18

4. 點選數據欄的「position」，按下滑鼠的左鍵，拖曳至之前產生的圖表，放開滑鼠
左鍵，此時圖表將接收到資料，成為「自由落體 position 對 time」的關係圖。（同
理，亦可做 Volcity 對 time 的關係圖。）拖拉圖形的邊框，可調整圖形的大小。
點選圖上的表頭「自由落體」，利用拖曳的方式調整至適當位置。

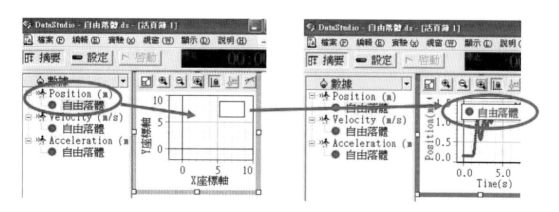

圖 19

5. 點選工作列的「加入影片檔 」，選擇步驟 1 所拍攝影片檔，此處檔案名稱為「自由落體影片」，按下確定，即可將影片連結至活頁簿。利用滑鼠調整圖形與影片至適當位置。

> 一旦連結影片之後，影片檔的儲存位置以及檔名不可再變更，因此，強烈建議影片檔案與 DataStudio 數據檔存放在同一檔案夾。

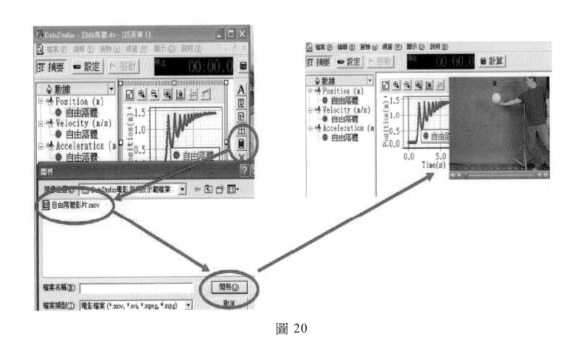

圖 20

6. 在影片框內，按下滑鼠右鍵，會跳出一個新視窗，點選「連結到一個顯示…」**(1)**，此時滑鼠會變為影片的小圖示，將此小圖示移到自由落體的圖形上**(2)**，即可將影片與圖形完成連結。此時，影片與圖形間有一條虛線連在一起**(3)**。
   【注意：影片需保持在起始處(4)】

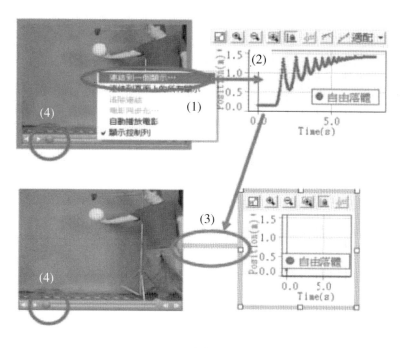

圖 21

7. 試著移動影片段落控制圓形圖示**(1)**，可發現圖表內的數據圖形會跟著改變**(2)**。
但是兩者間的起始點並不一致，因此要將兩者進行時間同步化。

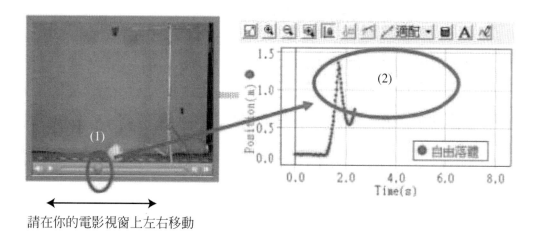

請在你的電影視窗上左右移動

圖 22

物理實驗
Experiments in Physics

8. 電影同步化：

(1) 在圖形的工具列上點選「智能工具」**(1)**，將座標點標示移到第一個頂點**(2)**，此時智能工具會顯示此頂點的座標值：(1.7235, 1.361)，即時間值為 1.7235 秒。

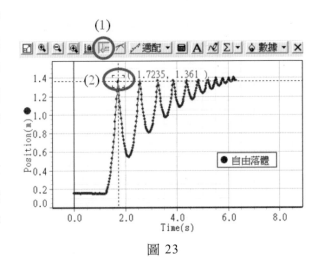

圖 23

(2) 在影片框內，移動影片段落控制圓形圖示，移動到自由落體第一次落下處**(1)**。（此時圖表內不一定會有圖形**(2)**，所以需要同步化）。此第一次落下處的時間相對應於圖形即是第一個頂點的位置。在影片框內按下滑鼠右鍵，會跳出一個新視窗，點選「電影同步化…」**(3)**，會出現電影訊框同步化視窗**(4)**，在視窗內填入第一個頂點的時間值 1.7235，按下確定即完成同步化。

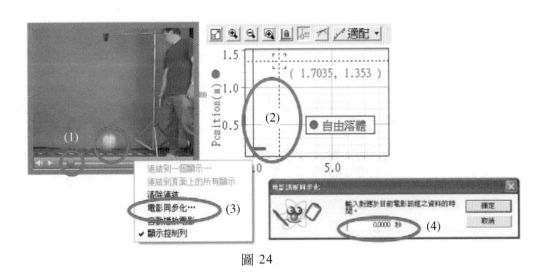

圖 24

9. 當所有編輯完成之後，按下「Ctrl」＋「t」，可隱藏活頁簿工具列。

八、溫度計鬧鐘之設計

　　隨著季節更替，早晚的溫差變化也明顯了。透過 GLX 溫度鬧鐘之設計，可以提醒我們適時的添加衣物。

1. 步驟：

　　(1) 開啟新的 GLX 檔案。

　　(2) 連結溫度感應器至孔道 1。

　　(3) 在計算機功能下，輸入下列方程式，使 GLX 能夠在溫度低於 30 度時產生一個音效。

$$outputswitch(1,[Temperature(℃)<30])$$

　　(4) 再增加下列方程式，使產生的音效頻率為 630 Hz。

$$outputfreq(1,630)*[Time]$$

2. 亦可以設計：

　　(1) 在溫度 30~35℃之間產生音效。

$$outputswitch(1, inrange(30,35[Temperature(℃)]))$$

　　(2) 只有在溫度不介於 30~35℃時產生音效。

$$outputswitch(1, or([Temperature(℃)]<30,[Temperature(℃)]>35))$$

利用同樣的方程式，也可選用不同感應器作不同的鬧鐘設定。例如利用力量感應器設計力量鬧鐘，利用位移感應器設計距離鬧鐘。

實 驗 ①

基本度量實驗

 ## 1.1 游標測徑器實驗

目 的

瞭解游標測徑器的構造原理,並對物體的長度,圓筒的內、外徑與深度作精密的測量。

儀 器

游標測徑器,待測物(圓筒)。

圖 1-1 游標測徑器(vernier caliper)

說 明

一、游標測徑器的外觀（圖 1-1）

1. R 為一鋼尺（主尺），其上有兩種刻度，一為英制單位以英吋(inch)表示之，一為公制單位以毫米(mm)表示之。

2. S 係一鋼製之器，套於主尺 R 上，且有一長方形孔，可窺見主尺上的刻度，其上有兩種輔助刻度，可使主尺的讀數精確至 1/128 in 及 1/20 mm，又其可左右移動，故稱之為游尺。

3. L 為固定游尺的旋鈕，W 為方便游尺移動的輪。

4. c、d 為測外徑的鉗口，e、f 為測內徑的鉗口，g 為測物體深度的鋼片。

二、刻度原理

（一）公制單位

　　使用公制單位時，首先將游尺與主尺零點對齊，觀察知游尺刻度 10 恰落在主尺 39 mm 處（如圖 1-2 所示），亦即游尺 1 刻度為 3.9 mm 而與主尺刻度 4 mm 相差 0.1 mm，故游尺 0.5 刻度與 2 mm 相差 0.05 mm，此即精確度 1/20 mm 的由來。

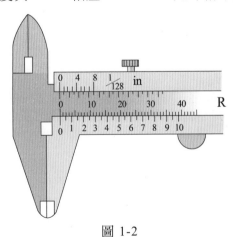

圖 1-2

　　量度時，若游尺的零刻度介於主尺 12 與 13 mm 間（如圖 1-3 所示），即待測物長度介於 12 與 13 mm，則整數部分記為 12 mm，小數部分可由游尺得知，觀察

游尺上刻度 1.5 與主尺 18 mm 最為對齊（即為視差），即可推算游尺刻度 1 與主尺 16 mm 相差 1/20 mm，游尺刻度 0.5 與主尺 14 mm 相差 2/20 mm，游尺 0 刻度與主尺 12 mm 相差 3/20 mm＝0.15 mm，因此讀數即為 12.15 mm。

　　如熟悉此推算原理，可獲知一簡捷讀法，即先觀察游尺 0 刻度介於主尺何處即得整數部分讀數，小數部分則由游尺得知，即游尺刻度與主尺刻度無視差的游尺讀數。

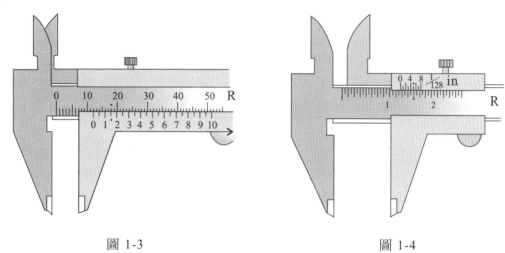

圖 1-3　　　　　　　　　　　　　　　　圖 1-4

（二）英制單位

　　使用英制單位時，游尺與主尺零點對齊，游尺刻度 8 落在主尺 7/16 in 上，由此可知游尺 1 刻度為 7/128 in 而與主尺每 1 刻度 $\frac{1}{16}$ in 相差 $\frac{1}{128}$ in，此為精確度 1/128 in 的由來，量度時，先觀察游尺 0 刻度在主尺上的位置，而較小的讀數則由游尺得知，如圖 1-4 所示，游尺 0 刻度落在 $1\frac{3}{16}$ 與 $1\frac{4}{16}$ in 之間，則記為 $1\frac{3}{16}$，另外觀察到游尺刻度 5 與主尺上某刻度無視差，則可推算游尺 0 刻度與主尺 $1\frac{3}{16}$ 相差 $\frac{1}{128} \times 5 = \frac{5}{128}$，故所得讀數為 $1\frac{3}{16} + \frac{5}{128} = 1\frac{29}{128}$ in。

步　驟

1. 使用前，先觀察游尺與主尺的零點誤差，並記錄之。

2. 將圓筒置於 c、d 間，旋轉 L 使之固定，而從主尺與游尺測得圓筒的外徑三次，再求其平均值。

3. 將游標測徑器的 e、f 張於圓筒的內側，量得其內徑，亦公制與英制兩種讀數。共取不同的內徑三次平均之。

4. 將游標測徑器的 g 鋼片伸張於圓筒內，可量得圓筒的深度，共取不同處的深度三次平均之。

實·驗·報·告

實驗 1.1　游標測徑器實驗

班級＿＿＿＿＿＿　組別＿＿＿＿＿＿　日期＿＿＿＿＿＿

姓名＿＿＿＿＿＿　學號＿＿＿＿＿＿　評分＿＿＿＿＿＿

記　錄

待測物 ＼ 名稱		零點校正 ±a	主　尺 R	游　尺 S	觀測值 R＋S－(±a)	平均值
		mm	mm	mm	mm	mm
外　徑	1					
	2					
	3					
內　徑	1					
	2					
	3					
深　度	1					
	2					
	3					

問 題

1. 試求出圓筒容積若干？

2. 游標測徑器上公制與英制的精確度分別為 $\dfrac{1}{20}$ mm 及 $\dfrac{1}{128}$ in，試比較其精確度何者較高。

3. 氣壓計上有一游標測徑器的裝置，其游尺上的 10 刻度恰等於主尺 9 mm，試問其精確度為何？

實　驗　①

基本度量實驗

 ## 1.2　螺旋測微器實驗

目　的

瞭解螺旋測微器的構造原理，並測量微小物體的直徑或厚度。

儀　器

螺旋測微器，待測物（銅線、鋼線、鐵鉻線）。

說　明

1. 螺旋測微器的構造如圖 1-5 所示，在曲柄 F 上固定連接一主尺 R，主尺上附一可旋轉之曲尺 S。K 為粗調轉鈕，H 為微調轉鈕，L 為固定鈕，A、B 為夾待測物處。

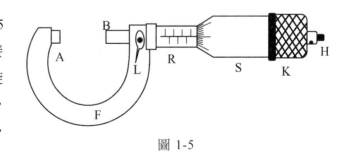

圖 1-5

2. 主尺每刻度為 1/2 mm，曲尺上分為 50 刻度，每轉動一周，則主尺進退 1 刻度（即 1/2 mm），故曲尺上每刻度相當於 1/100 mm，此為精確度 0.01mm 的由來。

3. 讀法如圖 1-6 所示，若兩尺的相接點在主尺 3.5 與 4 之間，曲尺的刻度為 27，則物體的厚度（或直徑）為 $3.5 + 27/100 = 3.77$(mm)。

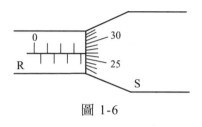

圖 1-6

注 意

　　測量時，當待測物已與 A、B 微微相接觸，切勿用力轉動粗調轉鈕 K，以免損壞儀器，或造成軟質物體被壓縮引起量度的不準確。此時應微微轉動微調轉鈕，直至發出三次聲響為止。

步 驟

1. 使用時先作零點校正，轉動 K 使 A、B 接近，再轉動 H，直到發出三次響聲為止，記錄此時的讀數為 a。

2. 將待測物夾於 A、B 之間，如步驟 1 轉動 K、H 使之妥為接觸，觀察兩尺，記其刻度為 R 及 S，兩者相加後再加上 a 之零點校正，即得正確之厚度或直徑。

3. 如步驟 2，共量取待測物不同處三次，並求其平均值。

4. 取另一待測物，重複上述之步驟。

實驗報告

實驗 1.2　螺旋測微器實驗

班級＿＿＿＿＿＿　組別＿＿＿＿＿＿　日期＿＿＿＿＿＿

姓名＿＿＿＿＿＿　學號＿＿＿＿＿＿　評分＿＿＿＿＿＿

記　錄

名　稱 待測物		零點校正 $\pm a$ (mm)	主　尺 R (mm)	游　尺 S (mm)	觀測值 $R+S-(\pm a)$ (mm)	平均值 (mm)
銅　線	1					
	2					
	3					
鋼　線	1					
	2					
	3					
鐵鉻線	1					
	2					
	3					

問 題

1. 螺旋測微器最小可測至幾米？

2. 試述螺旋測微器的用途。

討 論

實　驗　①

基本度量實驗

1.3　球徑計實驗

目　的

瞭解球徑計的構造原理，並測量凸面、凹面的曲率半徑或薄層物的厚度。

儀　器

球徑計，平面玻璃板，米尺，待測物（球面玻璃，薄層物）。

說　明

1. 圖 1-7 為球徑計的外觀，A、B、C 三足尖適構成一等邊三角形，ND 為三角形中心轉軸，且連著刻度盤 M 上下移動。L 尺每刻度為 1 mm。M 為 100 刻度，其旋轉一周恰在 L 尺上昇或下降 1 mm，故 M 盤上每一刻度為 1/100 mm，此亦為儀器的精確度。

2. 球面的曲率半徑：球徑計係利用四點決定一平面的原理設計而成的，如圖 1-8 所示，假設球面曲率半徑為 R，球徑計的四足尖 A、B、C、D 均與球面接觸，另 D 點在 ABC 三點所構成的平面上的投影為 E（圖 1-8b 為圖 1-8a 之投影，顯示 ABC 三點所成的平面），且設 DE 距離為 h，則由圖知（$\angle DAF=90$ 度，$AE \perp DF$）：

$$\triangle ADE \sim \triangle AEF$$

$$DE:AE = AE:EF$$

即 $\qquad h : r\ = r : (2R-h)$

$\qquad h(2R-h) = r^2$

所以 $\qquad R = \dfrac{h}{2} + \dfrac{r^2}{2h}$

又由三角形 ABC 中得 $AE^2 = EG^2 + AG^2$，即 $r^2 = (r/2)^2 + (S/2)^2$，所以 $r^2 = S^2/3$，因此 $R = h/2 + S^2/6h$，式中 S、h 均可量出，即可求得球面之曲率半徑。

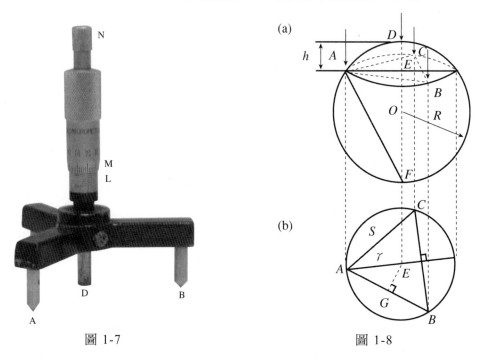

圖 1-7   圖 1-8

 讀取 M 盤小數的正確讀法是測凸面鏡時取黑色讀數，凹面鏡時取紅色讀數。

步　驟

1. 將球徑計置於平面玻璃板上，轉動 N，使 D 足尖與 A、B、C 三足尖同樣的接觸玻璃板上（利用足尖與其像的接觸法），再觀察 L 尺與 M 盤的零點是否相合，如否則記其值為±a，是為零點校正。

2. 旋轉 N，使 D 足尖與 ABC 平面有一距離，再將 A、B、C 三足尖放在待測的凸面上，轉動 N 使 D 足尖與球面恰好接觸，記得此時的刻度 L 與 M，再加以零點校正±a，即得高度 h 值，移動球徑計，取不同處 h 值三次，並取平均值。

3. 將球徑計三足尖印在紙上後以米尺量得任兩足尖 AB、BC、AC 的值並平均之，代入公式即得曲率半徑。

4. 取另一凹面，重複上述步驟。

5. 測薄層物時，將 A、B、C 三足尖放在平面玻璃上，只須將薄層物置於 D 足尖下，轉動 N 使之妥為接觸，觀察此時之刻度 L 與 M，再加上零點校正±a，即得薄層物的厚度 h，取不同處 h 值三次，求其平均值。

實·驗·報·告

實驗 1.3　球徑計實驗

班級＿＿＿＿＿＿　　組別＿＿＿＿＿＿　　日期＿＿＿＿＿＿

姓名＿＿＿＿＿＿　　學號＿＿＿＿＿＿　　評分＿＿＿＿＿＿

記　錄

名　稱 待測物		零點校正 ±a (mm)	主尺 L (mm)	轉盤 M (mm)	觀測值 $h = L + M - (\pm a)$ (mm)	平均值 h (mm)	足尖距離 S (mm)	曲率半徑 R (mm)
玻璃凸面	1							
	2							
	3							
玻璃凹面	1							
	2							
	3							
薄層物	1							
	2							
	3							

問 題

1. 球徑計與螺旋測微器的構造原理有否不同？

2. 曲率半徑 R 之倒數 $K=1/R$，稱為曲率。試求以上凸面與凹面的曲率各為若干？

討 論

實 驗 ②

力之分解與合成實驗

目 的

用力桌檢驗交於一點之許多力的平衡狀態，以驗證力之合成與分解定律。

方 法

以數條細線各繫不等重的砝碼而連接在力桌中心圈上，移動其中某細線，當諸力平衡時，則此細線所繫的重量大小和角度方向恰為其他諸力之合力。

原 理

根據作用於一點諸力平衡的條件，當諸力平衡時，其中任一力必與其餘諸力之合力大小相等，方向相反。故此力稱為其餘各力之平衡力，同時諸力並可圍成順序封閉的多邊形。二力之合力可依平行四邊形或三角形法求之。

一、平形四邊形法（圖 2-1）

設有二力 $\overline{F_1}$、$\overline{F_2}$，同時作用於一質點上，並以此二力為邊作成一平行四邊形，從兩力之相交點至對角作對角線，則此對角線為其合力。

二、三角形法（圖 2-2）

設有二力 $\overline{F_1}$、$\overline{F_2}$，其夾角為 β，則由三角關係可知其合力 $\overline{F}$ 為：

$$F = (F_1^2 + F_2^2 + 2F_1F_2 \cos \beta)^{\frac{1}{2}}$$

$$\theta = \tan^{-1} \frac{F_2 \sin \beta}{F_1 + F_2 \cos \beta}$$

其中 F、F_1、F_2 表 $\vec{F}$、$\vec{F_1}$、$\vec{F_2}$ 之力的大小，θ 表 $\vec{F}$、$\vec{F_1}$ 之夾角，數力合成可依多邊形法或解析法求之。

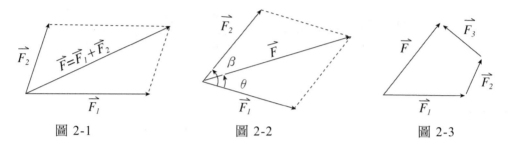

圖 2-1   圖 2-2   圖 2-3

三、多邊形法（圖 2-3）

設有數力，同時作用於一質點上，可依向量合成的原理，依箭頭箭尾順序相連，則由最初起點至最後一力的終點所作之直線，代表此數力所組成的合力之大小與方向。

四、解析法（圖 2-4）

設有三力 $\vec{F_1}$、$\vec{F_2}$、$\vec{F_3}$，其作用點均在座標原點，α、β、γ 分別為三力與 X 軸的夾角，則其合力 F 為：

$$F \cos \theta = F_1 \cos \alpha + F_2 \cos \beta + F_3 \cos \gamma$$

$$F \sin \theta = F_1 \sin \alpha + F_2 \sin \beta + F_3 \sin \gamma$$

$$F = \left[(F \cos \theta)^2 + (F \sin \theta)^2 \right]^{1/2}$$

$$\theta = \tan^{-1} \frac{F \sin \theta}{F \cos \theta}$$

其中，F、F_1、F_2、F_3 表各力的大小，θ 為合力 $\vec{F}$ 與 X 軸之夾角。

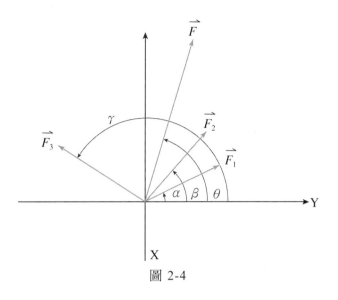

圖 2-4

儀　器

　　力桌（刻度盤，底座及支柱），凹槽滑輪，中心柱，中心圈，鉤盤，槽碼，細線，量角器。

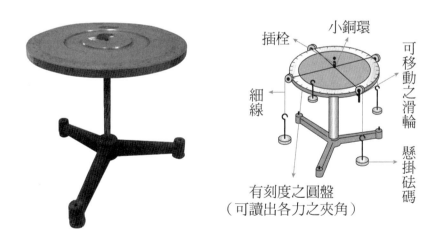

圖 2-5

步 驟

一、三力之平衡

1. 調整桌腳之水平旋鈕，使桌面水平，並將中心柱插在力桌中心圓孔，中心圈套在中心柱上。

2. 任意固定三滑輪在力桌邊緣上，並使凹槽對準力桌刻度。

3. 把細線跨過凹槽滑輪，一端連結中心圈，一端繫上鉤盤。鉤盤上各置不等量的槽碼。

4. 讓兩滑輪固定不動，調整第三滑輪的角度或增減其槽碼，直至中心柱在中心圈中心點為止。

5. 記錄三力之大小與方向。

6. 以平行四邊形作圖法（參考圖 2-2）求得平衡力之大小及方向（交報告時須附圖）。

7. 以三角形之公式求得平衡力之大小及方向。

二、四力之平衡

1. 增加一滑輪後，固定三滑輪不動，重複以上步驟。

2. 以多邊形法（作圖法）及解析法分別求得平衡力之大小與方向。

實·驗·報·告

實驗 2　力之分解與合成實驗

班級＿＿＿＿＿＿　組別＿＿＿＿＿＿　日期＿＿＿＿＿＿

姓名＿＿＿＿＿＿　學號＿＿＿＿＿＿　評分＿＿＿＿＿＿

記　錄

一、三力之平衡

	F_1	F_2	平衡力	
			實驗值	三角形法
力之大小				
力之方向				

二、四力之平衡

	F_1	F_2	F_3	平　衡　力		
				實驗值	多邊形法	解析法
力之大小						
力之方向						

問 題

1. 試計算其誤差，並分析誤差來源。

2. 在實驗中若力桌並未完全水平，其結果將如何？

討 論

實　驗　③

自由落體運動實驗

目　的

研究落體運動並測量重力加速度 g 值。

方　法

當測試鐵球自由落下時，量自起始位置至某段距離的時間及測量鐵球行徑兩處不同位置的時間，分別導出重力加速度 g 值。

原　理

一物體運動的平均速率可定義為行走距離 S 與所須時間 t 的比值。

$$\overline{V} = \frac{S}{t} \tag{3-1}$$

此為此段時間內的平均速率。瞬時速率為此比值在此段時間趨近於零之極限時，或以極限符號寫出為：

$$V = \lim_{\triangle t \to 0} \frac{\triangle S}{\triangle t} \tag{3-2}$$

其中 $\triangle S$ 乃為物體在 $\triangle t$ 時間內距離的增加量。

　　圖 3-1 的曲線表示了一自由落體運動距離與時間的
關係圖，在任何時刻 t 的瞬時速率很顯然的就是在那個
時刻的曲線斜率（注意式 3-2 即為斜率的定義）。若一等
速運動的物體，其斜率必為常數，則此曲線必為一直線，
對自由落體運動而言，這距離與時間關係圖曲線顯然並
非直線，因為速率一直隨著時間的增長而加快。

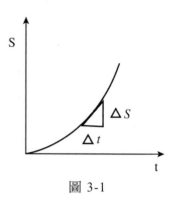

圖 3-1

　　在物體速度有變化時，這種運動稱為加速運動，我
們把加速度定義為速度的改變率，也就是：

$$\bar{a} = \frac{V_t - V_0}{t} \tag{3-3}$$

　　顯然 $\bar{a}$ 為速度在 t 時間內，由 V_0 變成 V_t 的平均加速度。因為加速度的單位因
次是速度除以時間，所以在公制 CGS 中加速度的單位為每秒每秒釐米，也就是釐
米 / 秒^2。

　　若一物體沿直線運動，而且速度的改變一定，則加速度必為常數，這種運動也
稱為等加速度運動，這種類型的運動乃是物體受一定力下的結果，最常見的例子就
是落體運動，而加速度 g 乃稱為重力加速度，它大約為 980 釐米 / 秒^2，在地球上
不同的地點會有少許的變化。距離、速度與時間的關係在等加速度 g 下，從下公式
可得：

$$V_t = V_0 + gt \tag{3-4}$$

　　它表示了速度 V_t 和時間的關係，這方程式為一直線方程式，此直線的斜率即
為 g，由於是等加速度，所以在 t 時間內速度的平均值可以 $\bar{V} = (V_t + V_0)/2$ 來表示，
從中可得：

$$S = \bar{V}t = \frac{V_t + V_0}{2}t \tag{3-5}$$

將式代入得：

$$S = V_0 t + \frac{1}{2}gt^2 \tag{3-6}$$

式子為一曲線方程式，此曲線在各點的斜率即為各該時刻的速度。當初速度 $V_0 = 0$ 時，即為自由落體運動，圖3-2 的曲線為一自由落體運動的速度與時間關係圖。此即為：

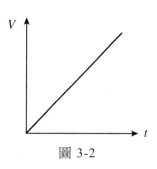

圖 3-2

$$S = \frac{1}{2}gt^2 \qquad (3\text{-}7)$$

$$g = \frac{2S}{t^2} \qquad (3\text{-}8)$$

其次當落體自由落下時，經過某一點 A 至另二點 B、C 的距離各為 S_1、S_2，時間為 t_1、t_2：

$$S_1 = V_1 t_1 + \frac{1}{2}gt_1^2 \qquad (3\text{-}9)$$

$$S_2 = V_1 t_2 + \frac{1}{2}gt_2^2 \qquad (3\text{-}10)$$

兩式得：

$$g = \frac{2(S_2 t_1 - S_1 t_2)}{t_1 t_2 (t_2 - t_1)} \qquad (3\text{-}11)$$

儀 器

光電計時裝置（光電控制器，數字計時器，發射管，檢測管，支架，十字接頭，耳機線，電磁鐵），鉛錘及細線，米尺，鋼杯附沙，測試鐵球。

 光電計時裝置請參閱附錄。

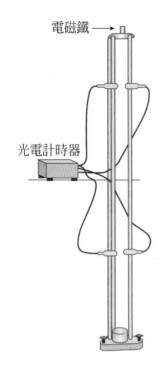

電磁鐵 →

光電計時器

圖 3-3

步　驟

一、直接測量法

1. 儀器裝置如圖 3-3 所示，將電磁鐵、發射管、檢測管與光電控制器，數字計時器以耳機線確實連接在適當位置。鋼杯附沙放在底座圓洞內。

2. 移動鉛錘線到電磁鐵尖端，調整水平旋鈕使支柱垂直，並使垂線剛好在兩相對的光電管中心連線上。

3. 調整光電控制器之起始與終端的靈敏旋鈕至適當位置，使光檢裝置能確實操作。

4. 將測試鐵球放在電磁鐵下之尖端，打開電磁鐵電源，調整電流至能吸住為止。

5. 移動起動組，至測試鐵球最下端恰在兩管中心連線上，亦即鐵球一落下，計時即開始，即圖 3-4 所示。

6. 移動停止組距離約 50 公分處，並記錄其距離 S。

7. 測量時間先將計時器歸零，然後切斷電磁鐵電源，測試鐵球即自然落下，記錄經過時間 t，代入式(3-8)即可得到 g 值。

8. 改變停止組至起動組的距離，每次約增加 15 公分，重複上述步驟四次，求 g 之平均值。

二、間接測量法

1. 降低起動組，使距離電磁鐵約 20 公分左右，如圖 3-5 所示。

2. 移動停止組至某一位置，記錄起動組至停止組的距離 S_1 及經過時間為 t_1。

3. 起動組不動，只移動停止組至另一位置，記錄此時的距離 S_2 與時間 t_2。

4. 重新調整起動組並重複步驟 10、11 四次，代入式 3-11，求取 g 之平均值。

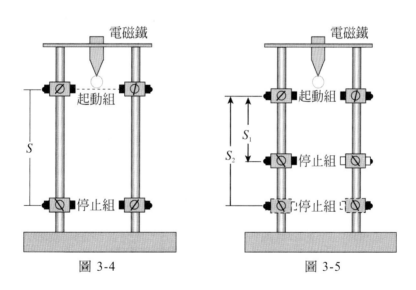

圖 3-4　　　　　　　　　　　　　圖 3-5

附　表

● 表 3-1　台灣主要城市之重力加速度(cm/sec^2)

地　名	台　北	台　中	台　南	高　雄
重力加速度	978.707	976.516	978.426	977.896

實·驗·報·告

實驗3 自由落體運動實驗

班級＿＿＿＿＿＿　組別＿＿＿＿＿＿　日期＿＿＿＿＿＿

姓名＿＿＿＿＿＿　學號＿＿＿＿＿＿　評分＿＿＿＿＿＿

記　錄

一、直接測量法

次數	距離 S	時間 t	重力加速度 g
1			
2			
3			
		平均值	

二、間接測量法

次數	距離 S_1	時間 t_1	距離 S_2	時間 t_2	重力加速度 g
1					
2					
3					
				平均值	

問 題

1. 將重力加速度之實驗值與公認值比較，並分別求其百分誤差。

2. 試比較所用兩種方法誤差的大小及其原因。

3. 試畫出重力加速度與時間的關係圖。

實 驗 ④

自由落體運動實驗(數位化實驗)

儀 器

　　光電計時裝置:光電管,750 介面,發射管,檢測管,支架,十字接頭,耳機線,電磁鐵,鉛錘及細線,米尺,鋼杯附沙,測試鐵球。

步 驟

一、直接測量法

1. 儀器裝置如圖 3-3 所示,將電磁鐵、發射管、檢測管與兩個光電管(起動組與停止組),750 介面以及耳機線確實連接在適當位置。鋼杯附沙放在底座圓洞內。

2. 移動鉛錘線到電磁鐵尖端,調整水平旋鈕使支柱垂直,並使垂線剛好在兩相對的光電管中心連線上。

3. 將兩支光電管接到 750 介面通道 1(起動組)與 2(停止組)。

4. 將測試鐵球放在電磁鐵下之尖端,打開電磁鐵電源,調整電流至能吸住為止。

5. 移動起動組,至測試鐵球最下端恰在兩管中心連線上,亦即鐵球一落下,計時即開始,即圖 3-4 所示。

6. 開啟 DataStudio,選擇兩個光電管,並選擇表格。

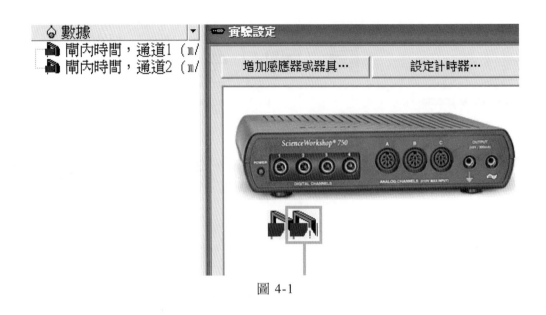

圖 4-1

7. 移動停止組距離使其與起動組距離約 50 公分處，並記錄其距離 S。

8. 按下 DataStudio 啟動，開始記錄數據。

9. 改變停止組至起動組的距離，每次約增加 15 公分，重複上述步驟四次，求 g 之平均值。

二、間接測量法

1. 降低起動組，使距離電磁鐵約 20 公分左右（如圖 3-5 所示）。

2. 移動停止組至某一位置，記錄起動組至停止組的距離 S_1 及經過時間為 t_1。

3. 起動組不動，只移動停止組至另一位置，記錄此時的距離 S_2 與時間 t_2。

4. 重新調整起動組並重複步驟 1、2 四次，代入式 3-11，求取 g 之平均值。

附 表

• 表 4-1　台灣主要城市之重力加速度(cm/sec^2)

地　名	台　北	台　中	台　南	高　雄
重力加速度	978.707	976.516	978.426	977.896

實驗報告

實驗 4　自由落體運動實驗
（數位化實驗）

班級＿＿＿＿＿＿　組別＿＿＿＿＿＿　日期＿＿＿＿＿＿

姓名＿＿＿＿＿＿　學號＿＿＿＿＿＿　評分＿＿＿＿＿＿

記　錄

一、直接測量法

次數	距離 S	時間 t	重力加速度 g
1			
2			
3			
		平均值	

二、間接測量法

次數	距離 S_1	時間 t_1	距離 S_2	時間 t_2	重力加速度 g
1					
2					
3					
				平均值	

問　題

1. 將重力加速度之實驗值與公認值比較，並分別求其百分誤差。

2. 試比較所用兩種方法誤差的大小及其原因。

3. 試畫出重力加速度與時間的關係圖。

實 驗 ⑤

剛體靜平衡實驗

目 的

研究剛體呈靜平衡狀態時，作用於其上的合力與合力矩為零。

方 法

在力桌上置一可移動可轉動的圓盤，調整四條力線的方向與大小，使其不互相平行，不經過圓盤中心，則當圓盤靜止不動時，此四條力線的合力與合力矩應當為零。

原 理

共平面的會聚力作用於一剛體上，若此剛體處於平衡狀態，則諸力的向量和為零。但若共平面的諸力作用於剛體上不同之點，雖諸力向量和為零，物體無線性加速度，卻可能產生角加速度，因此尚須多加一條件，即諸力對剛體上任一點的力矩和為零。則作用於一剛體的合力與合力矩為零時，此稱為「剛體平衡」。

如圖 5-1 所示。當四作用力達到平衡時，$\vec{F_1}$、$\vec{F_2}$、$\vec{F_3}$、$\vec{F_4}$ 分別作用於剛體圓盤的 A_1、A_2、A_3、A_4 四點。今任取一點 O（不在四條力

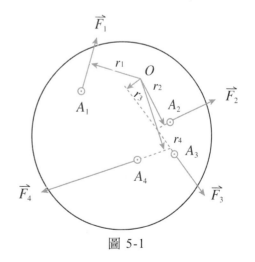

圖 5-1

線上），作 O 點與四力線的垂線，其力臂分別為 r_1、r_2、r_3、r_4，則依剛體平衡的條件，有下列關係：

$$\overline{F_1} + \overline{F_2} + \overline{F_3} + \overline{F_4} = 0$$
$$\overline{r_1} \times \overline{F_1} + \overline{r_2} \times \overline{F_2} + \overline{r_3} \times \overline{F_3} + \overline{r_4} \times \overline{F_4} = 0$$

其中"×"是向量乘積的符號，讀作"CROSS"。

儀　器

力桌（刻度盤，底座及支柱），中心柱，下圓盤，上圓盤，鋼珠三，插銷四，凹槽滑輪，鉤盤，槽碼，細線，量角器。

1. 圓盤必須保持水平，否則會移動。
2. 本實驗中滑輪之凹槽不對準力桌中心，但細線必須對準凹槽且與上圓盤保持水平。

步　驟

1. 置下圓盤在力桌上，並插上中心柱。

2. 取三粒鋼珠放置在下圓盤之圓形槽內，各自分開約 120 度。

3. 將上圓盤輕輕放置在鋼珠上，調整桌腳水平旋鈕，使圓盤呈水平狀態，並使中心柱在圓盤中心。

4. 取一張中央有圓孔之圓形繪圖紙，平鋪在圓盤上，調整其圓心後，以三插銷固定之。

5. 選取適當位置固定滑輪在力桌邊緣上。

6. 分別將細線一端繫上鉤盤，另端跨過滑輪，套住插銷而插在上圓盤之插銷洞內。並將槽碼約數百克分別放在鉤盤上。

7. 將其中三滑輪固定不動，調整第四滑輪的位置與所繫的重量，直至上圓盤靜止不動，且中心柱在圓盤中心。

8. 在繪圖紙上依細線之位置畫線，此即諸力的作用力線（以箭頭表示其方向），並記錄各力線之相關重量。

9. 以多邊形法求其合力。

10. 選擇不在四條作用力線的任何三點 P、Q、R，各作其與力線之垂線並求其力矩和。

實·驗·報·告

實驗 5　剛體靜平衡實驗

班級_____　組別_____　日期_____

姓名_____　學號_____　評分_____

記　錄

一、繪圖紙

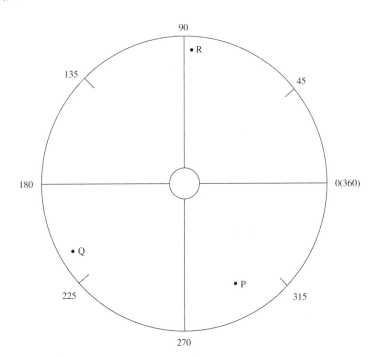

二、合力（附方格紙）

	F_1	F_2	F_3	F_4	合力
力之大小					
力之方向					

三、合力矩（力矩有向上與向下兩方向，設定向上為正，向下為負）

	r_1	r_2	r_3	r_4	力矩和
P 點					
Q 點					
R 點					

問 題

1. 證明一物體上三非平行力作用下達到平衡，則此三力必交於一點。

2. 在四力平衡實驗中，若將其中任一力順其原指方向平行移動，則合力與合力矩是否仍然為零？

實　驗 ⑥

牛頓運動定律實驗

目　的

研究在定力作用下，所產生之線性加速度，並研究力、質量與加速度之關係，以驗證牛頓第二運動定律。

原　理

無論靜止中或運動中的物體，受一不為零之靜力作用後，會在靜力作用的方向產生一加速度，其大小與作用力成正比，與質量成反比，此現象即為牛頓第二運動定律。此定律可用下式表示：

$$\vec{F} = m\vec{a} \tag{6-1}$$

如圖 6-1 所示，一物體（質量 m_1）在光滑平面上受一外力$(m_2 g)$作用，則物體會產生一加速度 a，則此時 $(m_1 + m_2)\, a = m_2 g$

故　　　　$$a = \frac{m_2}{m_1 + m_2} g \tag{6-2}$$

當物體在一斜面長 S，高 h 的斜面上運動時（如圖 6-2 所示），設斜角為 θ，則 m 克重的物體受重力 mg 的影響，在斜面方向有一分量 $mg \sin\theta$，如果此斜面為一無摩擦之面，則依牛頓第二運動定律：

$$mg \sin \theta = ma$$

$$a = g \sin \theta = g \frac{h}{S} \qquad (6\text{-}3)$$

　　式中 a 表物體在無摩擦斜面上，由靜止往下滑的等加速度。假如物體行走 x 距離的時間為 t，若由實驗中能測得 x 與 t 時，可由式 6-4 算得 a 值來與式 6-3 的 a 值比較。

$$x = \frac{1}{2}at^2$$

$$a = \frac{2x}{t^2} \qquad (6\text{-}4)$$

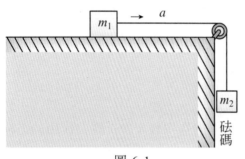

圖 6-1

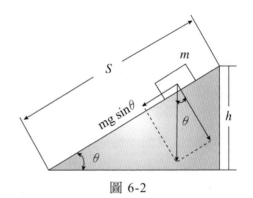

圖 6-2

儀　器

　　氣墊軌道台，送風機，送風管，光電計時裝置（光電控制器，數字計時器，發射管，檢測管，支架，十字接頭，耳機線），大滑走體，偵測桿，U 型鋁片，彈力圈，木塊，米尺，砝碼。

1. 偵測桿裝在滑走體的正中央，即重心位置所在。
2. 不可損傷軌道台表面和滑走體滑面。
3. 光電計時裝置請參考附錄。

步　驟

1. 以送風管連接送風機和軌道台，將滑走體置於軌道台中間後打開送風機，調整軌道台的水平旋鈕，使滑走體不會自動滑走。

2. 將光電計時器裝置妥當，發射管（起動組）、檢測管（停止組）各自對齊，並使兩組相隔一距離 x。如為 30 cm。

3. 繫一細線於偵測桿，另一端經軌道台之滑輪而繫住一鉤盤。偵測桿至滑輪的細線部分必須水平。

4. 將滑走體置於起動組前方，使滑走體一滑動即能開始自動計時，測量時間 t，計算 a 值，改變 x，重複實驗。

5. 更換滑走體，及改變砝碼質量，重複實驗。

6. 於軌道台尾端墊上厚為 h 的木塊使成一無摩擦的斜面，不掛砝碼，如圖 6-2 所示，同上之方法測 x、t，計算 a 值。

7. 改變木塊厚 h 及更換滑走體，重複實驗。

附　表

• 表 6-1　台灣主要城市之重力加速度(cm/sec^2)

地　名	台　北	台　中	台　南	高　雄
重力加速度	978.707	976.516	978.426	977.896

實·驗·報·告

實驗6　牛頓運動定律實驗

班級＿＿＿＿＿＿　組別＿＿＿＿＿＿　日期＿＿＿＿＿＿

姓名＿＿＿＿＿＿　學號＿＿＿＿＿＿　評分＿＿＿＿＿＿

記　錄

一、平　面

| 質　量 | | 距離 | 時間 | 加速度 | | | 百分誤差 |
滑走體 m_1	砝碼 m_2	x	t	測量值（式 6-4）	平均值	理論值（式 6-2）	

二、斜　面

斜面長 S	木塊厚 h	滑走體 質量	距離 x	時間 t	加速度			百分誤差
					測量值 （式 6-4）	平均值	理論值 （式 6-3）	

問　題

1. 質量為 100 kg 的物體，在水平無摩擦的平面，由靜止面加速運動，經過 90 m 後，其速度為 60 m/sec，求所加之力為多少？

2. 物體在光滑斜面上運動，其加速度與哪些因素有關？

實 驗 ⑦

牛頓第二運動定律實驗
（數位化實驗）

目 的

研究在定力作用下，所產生之線性加速度，並研究力、質量與加速度之關係，以驗證牛頓第二運動定律。

原 理

牛頓第一運動定律是說明物體不受外力作用或作用力合力為零的狀況，然而如果受到外力的作用，情形又如何呢？

從日常經驗中，我們得知，當一靜止的物體受到一力的作用，並假設沒有摩擦力或其他作用力存在時，物體會在作用力的方向開始運動。也就是說物體有一個加速度。由實驗中發現，對同一物體，作用力 F，與其所產生之加速度 a 之比值為一常數，即：

F／a＝常數

此常數代表物體受力後運動的一種慣性。常數越大則受定力的作用後產生之加速度越小，因此把此常數定為慣性質量(inertial mass)，或稱質量。如以 m 表示某一物體的慣性質量，則上式可改寫成：

F／a＝m

慣性質量為一純量，可以用代數方法相加減。此即為牛頓第二運動定律。

儀　器

750 數據收集介面、滑車軌道、滑車、位移感應器、力量感應器、砝碼、托盤、彈簧。

步　驟

在這個實驗中，利用位移感應器量測被繩子拉動的滑車的運動情況。將力量感應器安裝在滑車上，並將繩子一端綁在力量感應器前端掛勾上，另一端連著一個物塊並懸掛在一個滑輪上。透過力量感應器量測滑車受力大小。

DataStudio 可記錄滑車的速度，透過「速度—時間」關係圖，可顯示滑車的加速度，再將其與理論值進行比較。

一、儀器設定

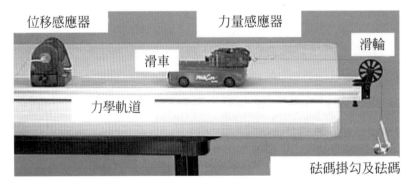

圖 7-1　儀器架設

1. 把力學軌道放在水平桌面上。將滑車放在軌道上，調整軌道至水平狀態，使滑車在不受力的狀態下不會自行滑動。

2. 把滑輪連接到軌道的右端。

3. 把位移感應器放在軌道的左端。在距離位移感應器約 30 公分處做一記號，此為滑車起始位置。

4. 將力量感應器安裝在滑車上。利用天平測量滑車和力量感應器的總質量並記錄之。

5. 將滑輪安裝在軌道的末端。

6. 取一根繩子，將一端繫在力量感應器的勾子上，另一端則繫在砝碼掛勾上，繩子的長度應比滑車靠近滑輪時，距離到地面所需的長度再長約 10 公分。

7. 將滑車放在軌道上步驟 3 所標示的位置上，並使力量感應器掛勾端指向遠離位移感應器的方向。

8. 調整滑輪的高度，使繩子與軌道成平行。

9. 取 10 克砝碼，利用天平量測質量，並記錄之。再將砝碼放在砝碼掛勾上，以拉動滑車進行實驗。同時開啟 DataStudio，記錄滑車移動的速度。

10. 增加砝碼的重量至 20、30、40、50 克，並記錄滑車移動的速度。

二、電腦及感應器設定

1. 開啟 DataStudio 軟體，選擇位移感應器與力量感應器，取樣率選擇 200 Hz。

2. 將位移感應器的黃色數位插頭插入介面的 Ch1，黑色插頭則插入介面的 Ch2。

3. 將力量感應器插入介面的 ChA。

4. 在位移感應器圖示中勾選位置及速度，選擇圖表，將其拖曳至位移感應器的「位置」及「速度」。

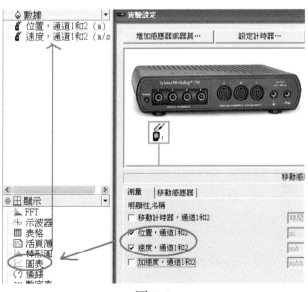

圖 7-2

5. 再選擇圖表，將其拖曳至力量感應器。

6. 按下「啟動」，並釋放砝碼掛勾，使其拉動滑車，開始記錄數據。

7. 當數據記錄好之後，選取直線的部分，點選圖表工具列裡的「適配」，「線性適配」，將斜率記錄下來。

實驗報告

實驗 7 牛頓第二運動定律實驗（數位化實驗）

班級＿＿＿＿＿＿　　組別＿＿＿＿＿＿　　日期＿＿＿＿＿＿

姓名＿＿＿＿＿＿　　學號＿＿＿＿＿＿　　評分＿＿＿＿＿＿

記　錄

一、實驗 1

次數	滑車 M(g)	托盤+砝碼 m(g)	加速度實驗值 a(m/s^2)	平均值 a(m/s^2)	理論值 a'(m/s^2)
1		40			
		40			
		40			
2		60			
		60			
		60			

二、實驗 2

次數	滑車+鐵條 M(g)	托盤+砝碼 m(g)	加速度實驗值 a(m/s^2)	平均值 a(m/s^2)	理論值 a'(m/s^2)
1		40			
		40			
		40			
2		60			
		60			
		60			

問 題

1. 加速度的測量值和理論值之間的百分比誤差是多少？

2. 力的測量值和理論值之間的百分比誤差是多少？

3. 試討論造成測量值和理論值之間的誤差原因有哪些？

實 驗 ⑧

摩擦係數測定實驗

目 的

測定兩物體表面的靜摩擦係數和動摩擦係數。

方 法

1. 置一物在另一物面上,將底下的物表面提起使成斜面,當斜面之角度到某一定值時,頂上之物體開始滑動即可計算靜摩擦係數。

2. 物體在一斜面上運動,由於摩擦力的不同,其由於重力作用所產生加速度不同,測量物體的加速度則可得動摩擦係數。

原 理

各種物體表面間一定存在著摩擦力,表面不同摩擦力就不同。當重 m 克之物體置於一斜面上,如斜面之角度為 θ,則如圖 8-1 所示,物體所受向下的重力 F 為:

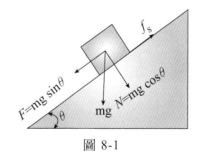

圖 8-1

$$F = mg \sin \theta \qquad (8\text{-}1)$$

物體重力對斜面之正壓力 N 為:

$$N = mg \cos \theta \qquad (8\text{-}2)$$

對靜摩擦而言，如果物體沒有運動，則摩擦力等於拉力，拉力越大摩擦力越大，但是此靜摩擦力有一定的限度，拉力大到某一限度時，物體開始運動，即靜摩擦力的限度，稱為最大靜摩擦力，此最大靜摩擦力 f_s 正比於正壓力，即：

$$f_S = \mu_s N \tag{8-3}$$

其中 μ_s 稱為靜摩擦係數。

調整斜面角度，當物體要開始運動時，此時之拉力等於最大靜摩擦力，即：

$$\text{mg} \sin\theta = \mu_s \, \text{mg} \cos\theta \tag{8-4}$$

$$\therefore \mu_s = \tan\theta \tag{8-5}$$

開始運動的物體摩擦力仍然存在，但是摩擦力會比最大靜摩擦稍小，且保持一定，換言之，速度不同對摩擦力的影響不大。設動摩擦力為 μ_k 則：

$$f_k = \mu_k N \tag{8-6}$$

式 8-1 為物體之拉力，所以：

$$\text{mg} \sin\theta - f_k = ma \tag{8-7}$$

$$\text{mg} \sin\theta - \mu_k \, \text{mg} \cos\theta = ma \tag{8-8}$$

$$\mu_k = \frac{g\sin\theta - a}{g\cos\theta} \tag{8-9}$$

其中 a 為物體的加速度。因為物體滑下是等加速度運動，所以 $a = 2S/t^2$，S 表滑動距離。

儀　器

斜面裝置（底板座，升降器，量角器），光電計時裝置（光電控制器，數字計時器，發射管，檢測管，支架，十字接頭，耳機線，電磁鐵），米尺，待測滑體。

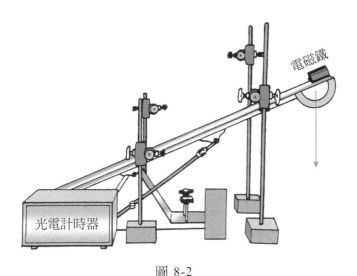

電磁鐵

光電計時器

圖 8-2

步　驟

一、靜摩擦係數

1. 將斜面歸零，使呈水平狀態。置滑體於其上端緊靠電磁鐵處。

2. 轉動旋把，逐漸昇高斜面，直到滑體即將滑動之際時即停止，記錄其 θ 角。

3. 重複以上步驟二次，求其平均靜摩擦係數。

4. 取不同滑體重複上述步驟。

二、動摩擦係數

1. 裝置斜面與光電計時裝置如圖 8-2。並調整 θ 角超過其靜摩擦係數時的角度，並記錄之。

2. 將滑體放在斜面上，打開電磁鐵電源，使電磁鐵吸住滑體鐵片端。

3. 將起動組調整在滑體一滑下就感應的位置，停止組則調整在斜面下某距離 S。

4. 切斷電磁鐵電源使滑體滑下，記錄其時間 t。

5. 移動停止組改變滑動行走距離，重複以上步驟二次，求其平均動摩擦係數。

6. 取不同滑體重複上述步驟。

附 表

● 表 8-1　台灣主要城市之重力加速度(cm/sec^2)

地　名	台　北	台　中	台　南	高　雄
重力加速度	978.707	976.516	978.426	977.896

實·驗·報·告

實驗 8 摩擦係數測定實驗

班級＿＿＿＿＿＿　組別＿＿＿＿＿＿　日期＿＿＿＿＿＿

姓名＿＿＿＿＿＿　學號＿＿＿＿＿＿　評分＿＿＿＿＿＿

記 錄

一、靜摩擦係數

待測滑體	θ角				靜摩擦係數 μ_s
	1	2	3	平均	

二、動摩擦係數

待測滑體	次數	斜角 θ	距離 S	時間 t	動摩擦係數 μ_k	平均值 μ_k
	1					
	2					
	3					
	1					
	2					
	3					

問 題

1. 試分析以上實驗誤差的由來。

2. 試說明為何最大靜摩擦係數定比動摩擦係數為大？

實 驗 ⑨

摩擦係數測定實驗
（數位化實驗）

儀 器

力量感應器、力學軌道、天平、毛氈面摩擦體、軟木塞面摩擦體、砝碼兩塊、細繩、750 介面。

步 驟

一、靜摩擦係數

1. 利用天平量測毛氈摩擦體的重量，並將單位轉換成牛頓 N，將數據填入表 1。

2. 取一個細繩，一端綁在力量感應器的勾子上，另一端綁在毛氈摩擦體，將兩者至於水平桌面上。

3. 開啟 DataStudio，點選力量感應器，並拖曳圖表，使其產生一個「力量對時間」的關係圖。

4. 在沒有外力或張力的狀況下，按下力量感應器的歸零鈕，對力量感應器進行歸零。

5. 按下工具列的「啟動」，並在此時拉力量感應器使其拉動毛氈摩擦體，緩慢的施力，使毛氈摩擦體由靜止狀態開始移動，當毛氈摩擦體一開始移動時，拉的力要盡量保持一樣。收集記錄毛氈摩擦體由靜止狀態到移動之後的力量的變化過程。
   【注意：施力要保持均勻。】

6. 根據得到的圖表，峰值即是最大靜摩擦力。將最大靜摩擦力記錄在表 1。
   【注意：為了後續繪圖方便，在表格的第一列，數值皆填為 0。】

7. 取一塊砝碼，放在毛氈摩擦體上，利用天平量兩者的重量，並將單位轉換成牛頓 N，將數據填入表 1。重複步驟 1~6。

8. 取兩塊砝碼，放在毛氈摩擦體上，利用天平量兩者的重量，並將單位轉換成牛頓 N，將數據填入表 1。重複步驟 1~6。

9. 取另一個軟木塞面摩擦體，重複步驟 1~8，將相關數據記錄在表 2。

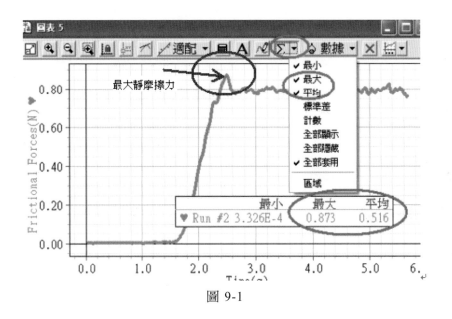

圖 9-1

二、動摩擦係數

1. 利用天平量測毛氈摩擦體的重量，並將單位轉換成牛頓 N，將數據填入表 1。

2. 取一個細繩，一端綁在力量感應器的勾子上，另一端綁在毛氈摩擦體，將兩者至於水平桌面上。

3. 開啟 DataStudio，點選力量感應器，並拖曳圖表，使其產生一個「力量對時間」的關係圖。

4. 在沒有外力或張力的狀況下，按下力量感應器的歸零鈕，對力量感應器進行歸零。

5. 按下工具列的「啟動」，並在此時拉力量感應器使其拉動毛氈摩擦體，緩慢的施力，使毛氈摩擦體由靜止狀態開始移動，當毛氈摩擦體一開始移動時，拉的力要盡量保持一樣。收集記錄毛氈摩擦體由靜止狀態到移動之後的力量的變化過程。

   【注意：施力要保持均勻。】

6. 根據得到的圖表，峰值之後的數值即是動靜摩擦。利用「統計」的功能。取峰值之後的平均值（動摩擦力），記錄在表 3 中。

   【注意：為了後續繪圖方便，在表格的第一列，數值皆填為 0。】

7. 取一塊砝碼，放在毛氈摩擦體上，利用天平量兩者的重量，並將單位轉換成牛頓 N，將數據填入表 1。重複步驟 1~6。

8. 取兩塊砝碼，放在毛氈摩擦體上，利用天平量兩者的重量，並將單位轉換成牛頓 N，將數據填入表 1。重複步驟 1~6。

9. 取另一個軟木塞面摩擦體，重複步驟 1~8，將相關數據記錄在表 4。

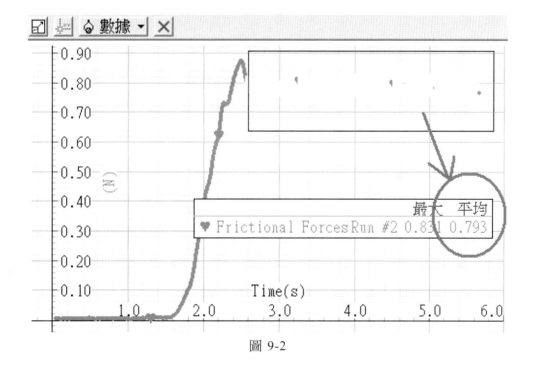

圖 9-2

實驗報告

實驗 9　摩擦係數測定實驗
（數位化實驗）

班級_____　　組別_____　　日期_____

姓名_____　　學號_____　　評分_____

記　錄

一、光滑表面

次數	正向力	最大靜摩擦力	靜摩擦係數	動摩擦力	動摩擦係數
	N (g)	fs,max(N)	μ_s	$f_k(N)$	μ_k
1					
2					
3					
		平均值		平均值	

二、毛氈

次數	正向力	最大靜摩擦力	靜摩擦係數	動摩擦力	動摩擦係數
	N (g)	$f_{s,max}(N)$	μ_s	$f_k(N)$	μ_k
1					
2					
3					
		平均值		平均值	

三、軟木塞

次數	正向力	最大靜摩擦力	靜摩擦係數	動摩擦力	動摩擦係數
	N (g)	$f_{s,max}(N)$	μ_s	$f_k(N)$	μ_k
1					
2					
3					
		平均值		平均值	

問　題

1. 試分析以上實驗誤差的由來。

2. 試說明為何最大靜摩擦係數定比動摩擦係數為大？

物理實驗
Experiments in Physics

實 驗 ⑩

簡諧運動實驗

目 的

研究彈簧作簡諧運動的特性並測求其彈性係數。

方 法

　　將置於氣墊軌道台上的滑走體兩端各繫以弱彈簧而與軌道台兩端連結，遂形成一個彈簧系統的簡諧運動。測量滑走體的運動週期及質量可求出彈性係數，並與由虎克定律所求出的彈性係數比較之。

原 理

　　凡物質在相等時間與區間內來回重複的運動，統稱為諧和運動。其中當一個作諧和運動的物體，其所受的力與位移成正比時的運動，特稱為簡諧運動。即：

$$F = -kx \tag{10-1}$$

　　其中 F 表恢復力；x 表位移，即物體離開平衡點的距離；負號表恢復力 F 的方向與位移 x 的方向相反；k 為一比例常數，如果在彈簧系統中，則 k 表彈簧的彈性係數。在彈性限度內，式 10-1 即為通稱的虎克定律。

　　由牛頓第二運動定律可知：

$$F = ma = m\frac{d^2x}{dt^2} \tag{10-2}$$

$$\therefore m\frac{d^2x}{dt^2} = -kx \tag{10-3}$$

得　　$x(t) = A\cos\omega t$

其中 $\omega = \sqrt{\dfrac{k}{m}}$ \tag{10-4}

式中 t 表時間，A 表振幅，即在此運動中最大的位移；$x(t)$ 表 t 時間後物質所在位置；ω 表物質在簡諧運動中的角頻率。

$$\omega = 2\pi v = \frac{2\pi}{T} = \sqrt{\frac{k}{m}} \tag{10-5}$$

得　　$T = 2\pi\sqrt{\dfrac{m}{k}}$ \tag{10-6}

或　　$k = \dfrac{4\pi^2 m}{T^2}$ \tag{10-7}

其中 v 表頻率；T 表週期，即物質自起始點出發後再回到起始點所行經一週的時間。由式 10-6 中可以明顯看出週期只與質量和彈性係數相關而與其他無關。

儀　器

氣墊軌道台，送風機，送風管，數字計時器，彈簧銅鈎，附鈎彈簧，大滑走體，小滑走體，滑輪二，滑輪支架，砝碼，細線。

不可損傷軌道台表面及滑走體滑面。

步　驟

1. 以送風管連接送風機和軌道台，將滑走體置於軌道台中間後打開送風機，調整軌道台的水平旋鈕，使中間的滑走體不會自動滑走。

2. 取兩同樣長度的附鈎彈簧將其鎖在大滑走體兩端後與軌道台兩端的彈簧銅鈎連結成一個彈簧系統的簡諧運動。

3. 將滑走體從平衡點移動 10 公分的距離後放開使其作簡諧運動，記錄其振盪 20 次的平均週期。

4. 依次移動 15、20、25、30 公分，重複步驟 3，測得其平均週期後再量得滑走體質量，即可求得此系統的彈性係數。

5. 在軌道台一邊置一滑輪，將一細線的一端繫住簡諧運動系統的彈簧，另一端則經過滑輪而繫住一鈎盤。沿滑走體至下滑輪的細線必須保持水平。

6. 改變砝碼之重量，分別量度其伸長量 x，並求其彈性係數。

7. 取不同長度的兩附鈎彈簧與滑走體連結後，重複上述步驟。

8. 另取小滑走體重複上述步驟。

實·驗·報·告

實驗 10　簡諧運動實驗

班級＿＿＿＿＿　　組別＿＿＿＿＿　　日期＿＿＿＿＿

姓名＿＿＿＿＿　　學號＿＿＿＿＿　　評分＿＿＿＿＿

記　錄

一、大滑走體和兩同長彈簧

（一）虎克定律求 *k*

重量 m (g)	伸長量 x	彈性係數 k
100		
120		
140		
160		
180		
平均值		

（二）簡諧運動求 *k*

振幅 A (cm)	週期 T	質量 m	彈性係數 k
10			
15			
20			
25			
30			
平均值			

二、大滑走體和兩不等長彈簧

（一）虎克定律求 k

重量 m(g)	伸長量 x	彈性係數 k
100		
120		
140		
160		
180		
平均值		

（二）簡諧運動求 k

振幅 A(cm)	週期 T	質量 m	彈性係數 k
10			
15			
20			
25			
30			
平均值			

三、小滑走體和兩同長彈簧

（一）虎克定律求 k

重量 m(g)	伸長量 x	彈性係數 k
100		
120		
140		
160		
180		
平均值		

（二）簡諧運動求 k

振幅 A(cm)	週期 T	質量 m	彈性係數 k
10			
15			
20			
25			
30			
平均值			

四、小滑走體和兩不相等長彈簧

（一）虎克定律求 k

重量 m(g)	伸長量 x	彈性係數 k
100		
120		
140		
160		
180		
平均值		

（二）簡諧運動求 k

振幅 A(cm)	週期 T	質量 m	彈性係數 k
10			
15			
20			
25			
30			
平均值			

問　題

1. 比較由虎克定律與簡諧運動所求出的彈性係數，並分析兩者誤差來源。

2. 試說明為何振幅與週期無關？

實 驗 ⑪

簡諧運動實驗（數位化實驗）

儀 器

軌道、滑車、柵欄、光閘、光閘支撐架，彈簧，滑輪，滑輪支架，砝碼，細線、750 介面。

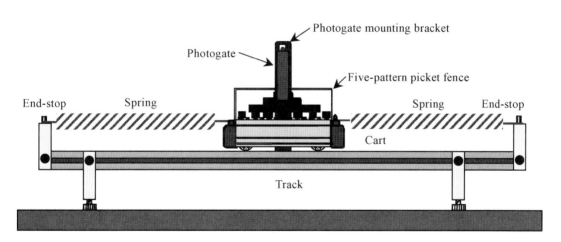

圖 11-1

 不可損傷軌道台表面及滑走體滑面。

步 驟

如圖 11-1 所示，將滑車至於軌道上，並將柵欄放在滑車上，調整軌道兩端高度呈水平狀態，使滑車在不受力的狀態下，不會移動。

一、等長彈簧實驗

1. 取兩同樣長度的附鉤彈簧將其鎖在滑車兩端後與軌道台兩端的彈簧銅鉤連結成一個彈簧系統的簡諧運動。記下滑車所在的平衡點位置。

2. 將光閘安裝在軌道旁，使滑車柵欄可以通過光閘。

3. 開啟 DataStudio 軟體，選擇增加「光閘」，之後再點選工具列的「設定計時器」，會出現一個「計時器設定」的新視窗，按下「新增」，在「定時序列選擇」部分則選擇「已遮擋」，再按下確定（圖 11-2）。

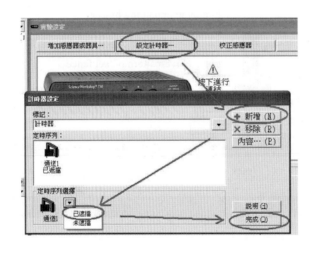

圖 11-2

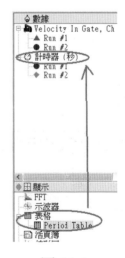

圖 11-3

4. 選擇「表格」將其拖曳到「計時器」的圖示上（圖 11-3）。

5. 將滑車從平衡點移動 10 公分的距離之後，放開使其做簡諧運動，同時按下 DataStudio 的「啟動」，記錄滑車振盪 20 次的平均週期在記錄表中。

6. 依次移動 15、20、25、30 公分，重複步驟 2，測得其平均週期後再量得滑走體質量，即可求得此系統的彈性係數。

7. 在軌道台一邊置一滑輪，將一細線的一端繫住簡諧運動系統的彈簧，另一端則經過滑輪而繫住一鉤盤。沿滑走體至下滑輪的細線必須保持水平。

8. 改變砝碼之重量，分別量度其伸長量 X，並求其彈性係數。

二、不等長彈簧實驗

9. 取不同長度的兩個彈簧與滑車連結後，重複上述步驟。

三、增加砝碼實驗進行兩等長與兩不等長彈簧實驗

10. 改變運動體的重量：另取一塊砝碼放在滑車上，重複上述步驟，記錄在表 3 與表 4。

實·驗·報·告

實驗 11　簡諧運動實驗
（數位化實驗）

班級＿＿＿＿＿＿＿　組別＿＿＿＿＿＿＿　日期＿＿＿＿＿＿＿

姓名＿＿＿＿＿＿＿　學號＿＿＿＿＿＿＿　評分＿＿＿＿＿＿＿

記　錄

一、滑車和兩同長彈簧

（一）虎克定律求 k

重量 m (g)	伸長量 x	彈性係數 k
100		
120		
140		
160		
180		
平均值		

（二）簡諧運動求 k

振幅 A (cm)	週期 T	質量 m	彈性係數 k
10			
15			
20			
25			
30			
平均值			

二、滑車和兩不等長彈簧

（一）虎克定律求 *k*

重量 *m* (g)	伸長量 *x*	彈性係數 *k*
100		
120		
140		
160		
180		
平均值		

（二）簡諧運動求 *k*

振幅 *A* (cm)	週期 *T*	質量 *m*	彈性係數 *k*
10			
15			
20			
25			
30			
平均值			

三、滑車與一個砝碼和兩同長彈簧

（一）虎克定律求 *k*

重量 *m* (g)	伸長量 *x*	彈性係數 *k*
100		
120		
140		
160		
180		
平均值		

（二）簡諧運動求 *k*

振幅 *A* (cm)	週期 *T*	質量 *m*	彈性係數 *k*
10			
15			
20			
25			
30			
平均值			

四、滑車與一個砝碼和兩不相等長彈簧

（一）虎克定律求 k

重量 m (g)	伸長量 x	彈性係數 k
100		
120		
140		
160		
180		
平均值		

（二）簡諧運動求 k

振幅 A (cm)	週期 T	質量 m	彈性係數 k
10			
15			
20			
25			
30			
平均值			

問　題

1. 比較由虎克定律與簡諧運動所求出的彈性係數，並分析兩者誤差來源。

2. 試說明為何振幅與週期無關？

實　驗 ⑫

單擺運動實驗

目　的

瞭解單擺的運動情形，並測定重力加速度。

方　法

觀察並測量單擺的擺長與週期，由公式中計算出重力加速度。

原　理

　　理論上之單擺，係由一不具質量的細線懸一不佔體積的質點所組成。要達到這種條件，實在不可能，但我們可用一極輕而細的線懸一密度較大的小球作為單擺，使其運動情形與理想單擺非常近似。

　　如圖 12-1 所示，設懸點至擺錘中心距離為 l，稱為擺長。如擺動物體由 A 點移動 θ 角（弧長 S）至 B 點時，擺錘所受重力 mg 可分為二分量，一為 mg cos θ 與線的張力抵消，另一力 mg sin θ 是擺動物體的回復力 F，當 θ 很小時：

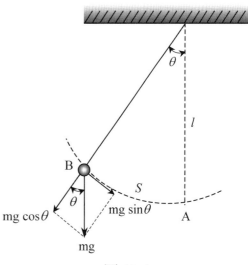

圖 12-1

$$\sin\theta \doteq \theta = \frac{S}{l}$$

所以 $\qquad F = mg\sin\theta = mg\frac{S}{l}$

亦即回復力正比於位移，可視為簡諧運動，則擺長的週期為：

$$T = 2\pi\sqrt{\frac{m}{k}} = 2\pi\sqrt{\frac{m}{mg/l}}$$

$$\therefore T = 2\pi\sqrt{\frac{l}{g}}$$

因此重力加速度 g 為：

$$g = \frac{4\pi^2 l}{T^2}$$

儀 器

底座及支柱，支架，細線，米尺，計時器，待測擺錘（鐵球、銅球、塑膠球）。

步 驟

1. 以細線一端繫擺錘，另一端連結在支架上。

2. 調整擺長（自懸點至擺錘中心）約 100 公分，使擺錘擺動，擺角不得超過 5 度。記錄擺動 50 次的時間，重複四次並取其平均值。

3. 依次將擺長調整為 80、60、40 和 20 公分，並重複步驟 2。

4. 依次變換擺錘並重複以上步驟。

附　表

● 表 12-1　台灣主要城市之重力加速度

地　名	台　北	台　中	台　南	高　雄
重力加速度	978.707	976.516	978.426	977.896

實·驗·報·告

實驗 12　單擺運動實驗

班級_____　　組別_____　　日期_____

姓名_____　　學號_____　　評分_____

記　錄

一、鐵　球

次數	擺長 l	擺動 20 次之時間					週期 T	重力加速度 g
		1	2	3	4	5		
1								
2								
3								
4								
5								
平均值								

二、銅　球

次數	擺長 l	擺動 20 次之時間					週期 T	重力加速度 g
		1	2	3	4	5		
1								
2								
3								
4								
5								
平均值								

三、塑膠球

次數	擺長 l	擺動 20 次之時間					週期 T	重力加速度 g
		1	2	3	4	5		
1								
2								
3								
4								
5								
平均值								

問 題

1. 試分析擺長長短與 g 值的關係。

2. 試分析比較擺錘重量大小與 g 值的關係。

3. 所謂的「鐘擺」是一秒通過平衡點 A 一次之特殊擺動物體，那麼其週期如何？
   其擺長如何？

4. 當單擺在水平面及高山上實驗時，求出的 g 值有何不同？

實 驗 ⑬

單擺運動實驗
（數位化實驗）

儀 器

底座及支柱、支架、細線、米尺、位移感應器、750介面、待測擺錘（鐵球、銅球、塑膠球）。

步 驟

1. 以細線一端繫擺錘，另一端連結在支架上。

2. 調整擺長（自懸點至擺錘中心）約 100 公分，使擺錘擺動，擺角不得超過 5 度。

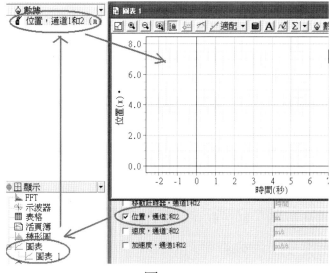

圖 13-1

3. 將位移感應器放置在擺錘擺動的前方約 20 公分（適當的位置），調整位移感應器反應的鏡面角度，使其位在擺錘的正前方。

4. 開啟 DataStudio，選擇位移感應器。並勾選「位置」。

5. 在顯示欄內點選「圖表」，並拖曳至位移感應器，使其出現「位置對時間」的關係圖。

6. 按下「啟動」，並擺動擺錘。

7. 當位移感應器開始記錄擺錘的位移變化時，會在位置對時間的關係圖上出現擺錘的運動波形，兩個波峰之間的時間即是單擺的週期。

8. 記錄擺動至少 10 次的時間，重複 5 次並取其平均值。

9. 利用圖表工具的的智能工具，先在第一個波峰定位(x_1, y_1)，再找第 11 個波峰(x_{11}, y_{11})，由兩波峰之間的座標軸的數據，其中 x_1 與 x_{11} 之間的差距再除以擺動次數 10 次即是單擺週期。

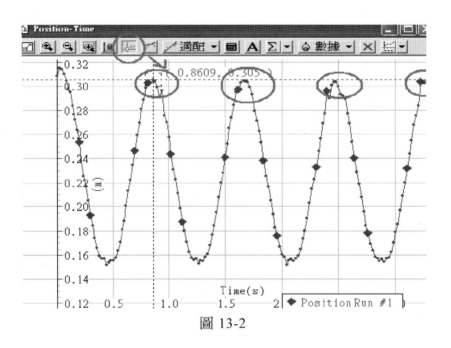

圖 13-2

10. 依次將擺長調整為 80、60、40 和 20 公分，並重複步驟 2。

11. 依次變換錘並重複以上步驟。

附 表

● 表 13-1 台灣主要城市之重力加速度

地 名	台 北	台 中	台 南	高 雄
重力加速度	978.707	976.516	978.426	977.896

實·驗·報·告

實驗 13　單擺運動實驗
（數位化實驗）

班級_____　　組別_____　　日期_____

姓名_____　　學號_____　　評分_____

記　錄

一、鐵　球

次數	擺長	擺動次數＝n	△X	△X/n	週期 T	重力加速度 g
1						
2						
3						
平均值						

二、銅 球

次數	擺長	擺動次數＝n	△X	△X/n	週期 T	重力加速度 g
1						
2						
3						
平均值						

三、塑膠球

次數	擺長	擺動次數＝n	△X	△X/n	週期 T	重力加速度 g
1						
2						
3						
平均值						

問 題

1. 試分析擺長長短與 g 值的關係。

2. 試分析比較擺錘重量大小與 g 值的關係。

3. 所謂的「鐘擺」是一秒通過平衡點 A 一次之特殊擺動物體，那麼其週期如何？其擺長如何？

4. 當單擺在水平面及高山上實驗時，求出 g 值有何不同？

實 驗 ⑭

機械能守恆原理實驗

目 的

研究落體運動，計算出其動能與位能，並證明機械能守恆原理。

方 法

當測試鐵球自由落下時，量自起始位置到某段距離的時間而求得其速率及動能，並以某參考點為準計算出其重力位能，以驗證動能和位能保持定值。

原 理

一個運動體的動能為 E_K，

$$E_k = \frac{1}{2}mv^2 \tag{14-1}$$

式中 m 為物體的質量，v 為物體之速度，而物體在重力場中的重力位能 U，其大小為：

$$U = mgh \tag{14-2}$$

其中 g 為重力加速度，h 為物體之高度。

一個物體的動能與位能之和，我們稱之為該物體之機械能，在重力的作用下，並且無其他的外力作用於該物體，一個物體所具有的機械能形式雖可改變，但其總能量維持不變，此稱為機械能守恆原理或機械能不滅原理。

假設質量為 m 的物體做自由落體運動，其在以某參考點算起高度為 h 時的速度為 v，而在高度為 h' 時的速度為 v'，由以上討論而得：

$$\frac{1}{2}mv^2 + mgh = \frac{1}{2}mv'^2 + mgh' \tag{14-3}$$

另外，由自由落體的末速公式可得：

$$v = gt \tag{14-4}$$

儀 器

光電計時裝置（光電計時器、發射管、檢測器、支架、十字接頭、耳機線、電磁鐵）、鉛錘及細線、米尺、鋼杯附沙、測試鐵球、支架。

光電計時器請參閱附錄。

步 驟

1. 儀器裝置如圖 14-1 所示，將電磁鐵、發射管、檢測管與光電計時器以耳機線確實連接在適當位置，連接時，以一組發射管、檢測管連接在光電計時器之停止組即可，鋼杯附沙放在底座圓洞內。

2. 移動鉛錘線到電磁鐵尖端，調整水平旋鈕，使支柱垂直，並使垂線剛好在相對的光電管中心連線上。

3. 將測試鐵球放在電磁鐵下之尖端，打開電磁鐵電源，以吸住鐵球。如圖 14-2 所示。

4. 移動停止組距電磁鐵約 50 公分處，記錄其距離為 s。（以電磁鐵為參考點時 s 應記為負值），並測量其從支柱底部算起之高度為 h。

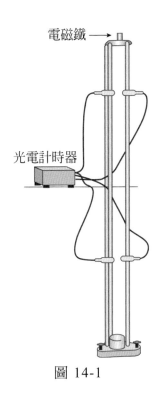

圖 14-1

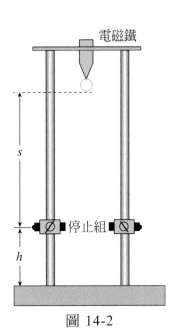

圖 14-2

5. 測量時間時先將計時器歸零，然後切斷電源，測試鐵球即自然落下，記錄經過時間 t，代入式 14-4 即可得鐵球速度 v。

6. 改變停止組至電磁鐵之距離，每次增加 15 公分，重複上述步驟，分別求出其速度 v。

實·驗·報·告

實驗 14 機械能守恆原理實驗

班級＿＿＿＿＿　組別＿＿＿＿＿　日期＿＿＿＿＿

姓名＿＿＿＿＿　學號＿＿＿＿＿　評分＿＿＿＿＿

記　錄

• 表 1　以電磁鐵為參考點之機械能　$m=$＿＿＿(g)

s (cm)	t (sec)	$\bar{t}$（平均值）	$v=g\bar{t}$	機械能 $=\dfrac{1}{2}mv^2+mgs$

s (cm)	t (sec)	$\bar{t}$（平均值）	$v = g\bar{t}$	機械能 $= \dfrac{1}{2}mv^2 + mgs$

- 表 2　以支柱底部為參考點之機械能

h (cm)	$\bar{t}$ (sec)	$v = g\bar{t}$	$\dfrac{1}{2}mv^2 + mgh$

問　題

1. 表 1 以電磁鐵為參考點之機械能其值應為 0，試說明原因？

2. 試解釋機械能並不完全守恆之原因？

討　論

實 驗 ⑮

機械能守恆原理實驗
（數位化實驗）

儀 器

光電計時裝置：光電管，750 介面，發射管，檢測管，支架，十字接頭，耳機線，電磁鐵，鉛錘及細線，米尺，鋼杯附沙，測試鐵球。

光電計時器請參閱附錄。

步 驟

1. 儀器裝置如圖 14-1 所示，將電磁鐵，發射管，檢測管與兩個光電管（起動組與停止組），750 介面以及耳機線確實連接在適當位置。鋼杯附沙放在底座圓洞內。

2. 移動鉛錘線到電磁鐵尖端，調整水平旋鈕，使支柱垂直，並使垂線剛好在相對的光電管中心連線上。

3. 將測試鐵球放在電磁鐵下之尖端，打開電磁鐵電源，以吸住鐵球。如圖 14-2 所示。

4. 將兩個光電管接到 750 介面通道 1（起動組）與 2（停止組）。

5. 將測試鐵球放在電磁鐵下之尖端，打開電磁鐵電源，調整電流至能吸住為止。移動起動組，至測試鐵球最下端恰在兩管中心連線上，亦即鐵球一落下，計時即開始。

6. 開啟 DataStudio，選擇兩個光電管，並選擇表格。

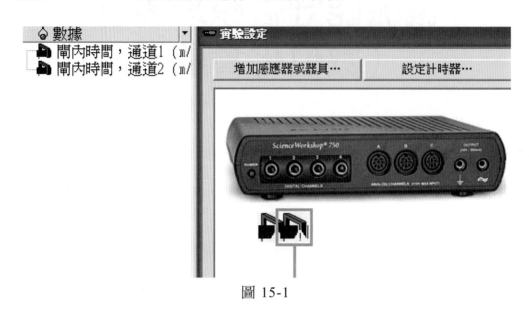

圖 15-1

7. 移動停止組距電磁鐵約 50 公分處，記錄其距離為 s。（以電磁鐵為參考點時 s 應記為負值），並測量其從支柱底部算起之高度為 h。

8. 測量時間時先將計時器歸零，然後切斷電源，測試鐵球即自然落下，記錄經過時間 t，代入式 14-4 式即可得鐵球速度 v。

9. 改變停止組至電磁鐵之距離，每次增加 15 公分，重複上述步驟，分別求出其速度 v。

實·驗·報·告

實驗 15 機械能守恆原理實驗 （數位化實驗）

班級＿＿＿＿＿＿ 組別＿＿＿＿＿＿ 日期＿＿＿＿＿＿

姓名＿＿＿＿＿＿ 學號＿＿＿＿＿＿ 評分＿＿＿＿＿＿

記　錄

● 表 1　以鐵球為參考點之機械能 $m=$＿＿＿＿(g)

s (cm)	t (sec)	$\bar{t}$（平均值）	$v = g\,\bar{t}$	機械能 $= \frac{1}{2}mv^2 + mgs$	$U = mgs$	百分比 %

s (cm)	t (sec)	$\bar{t}$（平均值）	$v = g\,\bar{t}$	機械能 $= \dfrac{1}{2}mv^2 + mgs$	$U = mgs$	百分比 %

● 表 2　以撞擊板為參考點之機械能

h (cm)	$\bar{t}$ (sec)	$v = g\,\bar{t}$	$\dfrac{1}{2}mv^2 + mgh$	$U = mgs$	百分比 %

問 題

1. 表 1 以電磁鐵為參考點之機械能其值應為 0，試說明原因？

2. 試解釋機械能並不完全守恆之原因？

討 論

實 驗 ⑯

碰撞實驗

 16.1　碰撞實驗 I

目 的

　　研究物體在完全彈性碰撞與完全非彈性碰撞下的運動現象，並驗證動量不滅定律、動能不滅定律與動能損失率。

方 法

　　在無摩擦的氣墊軌道上，測量兩完全彈性體的質量與碰撞前後的速度，則可驗證動量不滅與動能不滅定律。若測量兩完全非彈性體的質量與速度，則可驗證動量不滅定律與動能損失率。

原 理

　　設兩物重各為 m_1、m_2 在碰撞前之速度各為 V_{1i}、V_{2i}，碰撞後之速度為 V_{1f}、V_{2f}，若均在一直線上運動，則當處於完全彈性碰撞的狀態下，其動量不滅定律與動能不滅定律同時成立：

$$m_1 V_{1i} + m_2 V_{2i} = m_1 V_{1f} + m_2 V_{2f}$$

$$\frac{1}{2}m_1V_{1i}^{\,2} + \frac{1}{2}m_2V_{2i}^{\,2} = \frac{1}{2}m_1V_{1f}^{\,2} + \frac{1}{2}m_2V_{2f}^{\,2}$$

若 m_2 於開始時靜止，即 $V_{2i} = 0$，則上式變為：

$$m_1V_{1i} = m_1V_{1f} + m_2V_{2f}$$

$$\frac{1}{2}m_1V_{1i}^{\,2} = \frac{1}{2}m_1V_{1f}^{\,2} + \frac{1}{2}m_2V_{2f}^{\,2}$$

解聯立方程式得：

$$V_{1f} = \frac{m_1 - m_2}{m_1 + m_2}V_{1i}$$

$$V_{2f} = \frac{2m_1}{m_1 + m_2}V_{1i}$$

假設以 m_1 物體運動方向為正（$V_{1i} > 0$），則可以整理出下列式子來：

$m_1 > m_2$ 時，$V_{1f} > 0$，$V_{2f} > 0$
$m_1 = m_2$ 時，$V_{1f} = 0$，$V_{2f} = V_{1i}$
$m_1 < m_2$ 時，$V_{1f} < 0$，$V_{2f} > 0$

若兩物體碰撞後連在一起，即完全非彈性碰撞，此時 $V_{1f} = V_{2f} = V_f$，則動量不滅定律依然成立：

$$m_1V_{1i} = (m_1 + m_2)V_f$$

$$V_f = \frac{m_1}{m_1 + m_2}V_{1i}$$

但動能不滅定律卻不成立，此時：

碰撞前動能為：$\dfrac{1}{2}m_1V_{1i}^{\,2}$

碰撞後動能為：$\dfrac{1}{2}(m_1 + m_2)V_f^{\,2}$

動能損失率為：$\dfrac{\text{碰撞前動能} - \text{碰撞後動能}}{\text{碰撞前動能}}$

儀　器

　　氣墊軌道台，送風機及管，光電計時裝置（光電控制器，數字計時器，發射管，檢測管，支架，十字接頭，耳機線），大滑走體二，小滑走體二，偵測桿，U 型鋁片，彈力圈，彈簧片，陽碰撞片，陰碰撞片。

1. 光電計時裝置請參閱附錄。
2. 偵測桿裝在滑走體中央，即重心位置所在。
3. 不可損傷軌道台表面和滑走體表面。

步　驟

一、完全彈性碰撞

1. 以送風管連接送風機和軌道台，將滑走體置於軌道台中間後打開送風機，調整軌道台的水平旋鈕，使中間的滑走體不會自動滑走。

2. 在軌道台兩端各裝上 U 型鋁片與彈力，並多次練習使滑走體從彈力圈彈出來的速度一定，並將光電計時裝置裝置妥當。

3. 取二滑走體，各將一端鎖上彈簧片，一置於軌道台中間使其停止不動，一置於軌道台頂端以利滑行。

4. 將起動組置於滑行滑走體離開彈力圈時偵測桿的位置，停止組置於起動組後方大約 20~30 公分之距離（可自行調整至適當之距離）。

5. 分別量出滑行滑走體碰撞前後，及靜止滑走體碰撞後通過光電檢測管之時間，並量度偵測桿之寬度，即可得滑行滑走體碰撞前後之速度 V_{1i}、V_{1f}，以及靜止滑走體碰撞後之速度 V_{2f}。

6. 依次可取大碰大，小碰小，小碰大，大碰小的滑走體進行實驗，並驗證動量與動能的不滅定律。（注意動量為向量）

二、完全非彈性碰撞

7. 以陰、陽碰撞片換取彈簧片，便兩滑走體碰撞後能夠連結成一新運動體。

8. 重複步驟 4 跟 5，測求出碰撞前的速度 V_{1i} 與碰撞後速度 V_f。亦重複步驟 6，求出四種大小滑走體的運動結果以驗證動量與動能的定律。

實·驗·報·告

實驗 16.1　碰撞實驗Ⅰ

班級＿＿＿＿＿＿　　組別＿＿＿＿＿＿　　日期＿＿＿＿＿＿

姓名＿＿＿＿＿＿　　學號＿＿＿＿＿＿　　評分＿＿＿＿＿＿

記　錄

一、完全彈性碰撞

次　　數		1	2	3	4
質量 m_1					
質量 m_2					
速度 v_{1i}					
速度 v_{1f}					
速度 v_{2f}					
碰撞前	動量				
	動能				
碰撞後	動量				
	動能				
損失率	動量				
	動能				

二、完全非彈性碰撞

次　數		1	2	3	4
質量 m_1					
質量 m_2					
速度 v_{1i}					
速度 v_f					
碰撞前	動量				
	動能				
碰撞後	動量				
	動能				
損失率	動量				
	動能				

問 題

1. 說明兩種碰撞誤差來源。

2. 試利用牛頓第二與第三運動定律導出動量不滅定律。

實 驗 ⑯

碰撞實驗

 ## 16.2　碰撞實驗 Ⅱ

目 的

研究兩物碰撞前後動量不滅定律，並且由動能損失的情形，判定碰撞種類（完全彈性碰撞，完全非彈性碰撞，不完全彈性碰撞）。

原 理

假設一物體質量為 m_1，速度為 u_1，撞擊另一物體，質量為 m_2，速度 u_2，相據牛頓第三運動定律，相碰時 m_1 作用於 m_2 之作用力 F_{12}，與 m_2 作用於 m_1 之作用力 F_{21}，大小相等，方向相反：

$$F_{21} = F_{12} \tag{16-1}$$

設兩物碰撞之作用時間為 Δt，則 m_1 之動量改變率 $m_1(V_1-u_1)/\Delta t$ 等於 m_2 對 m_1 之平均作用力 F_{21}，同量 $m_2(V_2-u_2)/\Delta t = F_{12}$

故　$m_1(V_1-u_1)/\Delta t = -m_2(V_2-u_2)/\Delta t \tag{16-2}$

其中 V_1、V_2 為 m_1、m_2 在碰撞後之速度。

化簡(16-2)式，可得：

$$m_1u_1 + m_2u_2 = m_1V_1 + m_2V_2 \tag{16-3}$$

此即動量不滅之原理（在外力和為 0 的情況下，系統碰撞前的總動量等於碰撞後的總動量）。

又兩物體碰撞前速度差 u_1-u_2，與碰撞後速度差 V_2-V_1 之比值，通常為一常數 e，稱為恢復係數。

$$e = \frac{V_2 - V_1}{u_1 - u_2} \tag{16-4}$$

若 $e=1$ 時，則 $u_1-u_2=V_2-V_1$，此式與(16-3)式聯立可得到：

$$\frac{1}{2}m_1u_1^2 + \frac{1}{2}m_2u_2^2 = \frac{1}{2}m_1V_1^2 + \frac{1}{2}m_2V_2^2 \tag{16-5}$$

此即代表動能不滅，故為完全彈性碰撞。

若 $e=0$ 時，$V_2-V_1=0$，則表示碰撞後，兩物連在一起，此種情形稱為完全非彈性碰撞。

一般實際的材料所做成的碰撞系統恢復係數 e 均介於 0 到 1 之間，為不完全彈性碰撞，故而會損失一些動能。

碰撞前系統動能　　$\frac{1}{2}m_1u_1^2 + \frac{1}{2}m_2u_2^2$

碰撞後系統動能　　$\frac{1}{2}m_1V_1^2 + \frac{1}{2}m_2V_2^2$

動能損失率＝碰撞前系統動能－碰撞後系統動能／碰撞前系統動能

我們在這個實驗中所使用的碰撞儀，係令 $u_2=0$，而 u_1、V_1、V_2 等量利用機械能守恆定理，由位能中去求出。

如圖 16-1 所示，球從 A 靜止落至 O 點時，球之速度 V，由：

$$mgh = \frac{1}{2}mV^2 \tag{16-6}$$

$$V - \sqrt{2gh}$$

又　　　　$h = R - R\cos\theta$

所以　　　$V = \sqrt{2gR(1-\cos\theta)}$

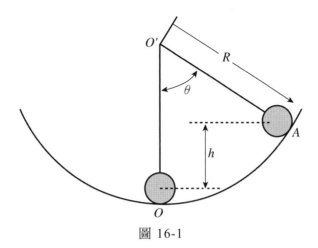

圖 16-1

圖 16-2 及圖 16-3 為本實驗中，碰撞前及碰撞後之圖，碰撞前 m_2 為靜止在 O 處，m_1 從 A 處靜止落下，在 D 處開始與 m_2 發生碰撞，故 m_1 接觸到 m_2 時，其速度 u_1 可由 $(h_A - h_D) = m_1 g = \dfrac{1}{2} m_1 u_1^2$ 求出

$$u_1 = \sqrt{2g(h_A - h_D)} = \sqrt{2gR(\cos\theta_D - \cos\theta_A)} \tag{16-7}$$

又碰撞後由 m_2、m_1 上升之位置 C、B，可以求出碰撞後 m_1、m_2 之速度 V_1、V_2（因碰撞時間很短，故我們假定兩物一接觸隨即分開）。

故

$$V_1 = \sqrt{2gR(\cos\theta_D - \cos\theta_B)}$$

$$V_2 = \sqrt{2gR(1 - \cos\theta_C)}$$

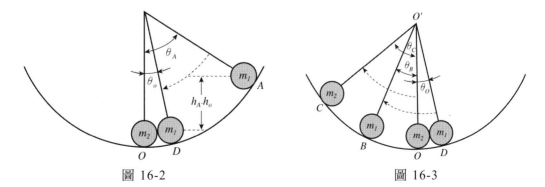

圖 16-2　　　　　　　　　　　　　　　圖 16-3

儀 器

碰撞儀，米尺，天平。

步 驟

1. 調整碰撞儀，使其水平。

2. 用水平測量兩球之質量 m_1、m_2。

3. 根據曲尺之曲率半徑 R_0，調整曲尺高度，使得曲尺零點到擺錘之支點（頂點）間距離等於 R_0。

4. 調節兩球之擺長 R，使之兩球球心能在同一軌跡上，並量得 R 長（最好大約等於碰撞儀上之曲尺曲率半徑 R_0），以便觀測。

5. 調整曲尺方向，使 m_2 之平衡點落在曲尺之零點上。

6. 移動 m_1，使微微接觸 m_2，如圖 16-2，量出 θ_D，再將 m_1 移至 A 點，記錄 θ_A（約在 15 度~20 度左右）。

7. 讓 m_1 從 A 點靜止落下去碰撞 m_2，同時測出 m_2、m_1 碰撞後所到達之最高點位置 C、B 之 θ_C、θ_B（如圖 16-3）。

8. 重複 4、5、6 步驟數次，且記錄數據。

9. 計算 u_1、V_1、V_2，並求 e 及動能損失率，並判定碰撞之性質。

實驗報告

實驗 16.2　碰撞實驗 II

班級＿＿＿＿＿＿　組別＿＿＿＿＿＿　日期＿＿＿＿＿＿

姓名＿＿＿＿＿＿　學號＿＿＿＿＿＿　評分＿＿＿＿＿＿

記　錄

$m_1 =$ ＿＿＿ g　$m_2 =$ ＿＿＿ g　$R =$ ＿＿＿＿ cm

次　數	1	2	3	4	5
θ_D					
θ_A					
θ_C					
θ_B					
u_1					
u_2	0	0	0	0	
V_1					
V_2					
e					

次　　數		1	2	3	4	5
碰撞前系統	動量					
	動能					
碰撞後系統	動量					
	動能					
動能損失率						

此碰撞為何種性質（根據 e 值判定）？

問　題

1. 碰撞中所損失的動能變成什麼？

討　論

實 驗 ⑰

碰撞實驗（數位化實驗）

儀 器

力學軌道、力學滑車×2、運動感應器×2、750 介面。

步 驟

一、非彈性碰撞

1. 實驗裝置如圖 17-1 所示，將力學軌道置放於實驗桌上，將兩台滑車放在軌道上，左邊的滑車為 Car1，右邊的滑車為 Car2，將兩個滑車的魔鬼氈端相對，使滑車碰撞後會黏在一起。保持整個軌道水平，使滑車在不受力的狀態下不會移動。
   【注意：保持水平對於提高實驗精確度是很重要的。】

圖 17-1

2. 量測兩台滑車的重量，並記錄在記錄表上。

3. 將 2 個移動感應器架設在軌道的兩端，並將感應器頂點的反應範圍調整器調整至 "Cart"。將左邊的移動感應器(Mot 1)接至 750 介面的通道 1（黃色）與通道 2（黑色），將右邊的移動感應器(Mot 2)接到 750 介面的通道 3（黃色）與通道 4（黑色）

一般而言，遠離移動感應器為正向，靠近移動感應器則為負向。
你也可以透過 DataStudio 計算機的功能，改變方向的正負性。

4. 將 Mot 2 設定為向右邊運動（也就是靠近感應器）為正向，向左運動則為負向。

5. 將兩台滑車放置離感應器約 15 公分處。

6. 開啟 DataStudio 的設定檔案：碰撞實驗---非彈性碰撞.ds。按下「啟動」。

7. 用手輕推兩滑車，使其碰撞，並收集數據。觀察數據，並記錄在記錄表中。

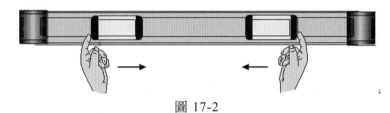

圖 17-2

8. 比較碰撞前與碰撞後滑車的速度。因為碰撞後兩滑車會黏在一起，記錄第二個滑車的速度及相關數據。

9. 在圖表上點選 "V Cart 1 Run #1"，再用智能工具找出碰撞前與碰撞後的速度。

10. 在圖表上點選 "V Cart 2 Run #1"，再用智能工具找出碰撞前與碰撞後的速度。

二、彈性碰撞

1. 實驗裝置如圖所示，將力學軌道置放於實驗桌上，將兩台滑車放在軌道上，左邊的滑車為 Car1，右邊的滑車為 Car2，將兩個滑車磁性端相對，使兩滑車碰撞後會因為磁性的關係自動彈開。保持整個軌道水平，使滑車在不受力的狀態下不會移動。

【注意：保持水平對於提高實驗精確度是很重要的。】

圖 17-3

2. 量測兩台滑車的重量，並記錄在記錄表上。

3. 將 2 個移動感應器架設在軌道的兩端，並將感應器頂點的反應範圍調整器調整至 "Cart"。將左邊的移動感應器(Mot 1)接至 750 介面的通道 1（黃色） 與通道 2（黑色） ，將右邊的移動感應器(Mot 2)接到 750 介面的通道 3（黃色）與通道 4（黑色）

> 一般而言，遠離移動感應器為正向，靠近移動感應器則為負向。
> 你也可以透過 DataStudio 計算機的功能，改變方向的正負性。

4. 將 Mot 2 設定為向右邊運動（也就是靠近感應器）為正向，向左運動則為負向。

5. 將兩台滑車放置離感應器約 15 公分處。

6. 開啟 DataStudio 的設定檔案：碰撞實驗---彈性碰撞.ds。按下「啟動」。

7. 用手輕推兩滑車，使其碰撞，並收集數據。觀察數據，並記錄在記錄表中。

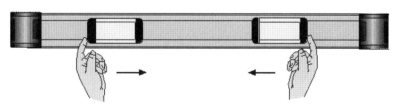

圖 17-4

8. 比較碰撞前與碰撞後滑車的速度。在圖表上點選 "V Cart 1 Run #1"，再用智能工具找出碰撞前與碰撞後的速度。

9. 在圖表上點選 "V Cart 2 Run #1"，再用智能工具找出碰撞前與碰撞後的速度。

實驗報告

實驗 17　碰撞實驗
（數位化實驗）

班級＿＿＿＿＿＿　　組別＿＿＿＿＿＿　　日期＿＿＿＿＿＿

姓名＿＿＿＿＿＿　　學號＿＿＿＿＿＿　　評分＿＿＿＿＿＿

記　錄

完全彈性碰撞

(1)同質量滑走體相碰撞

	次數	同質量滑走體相碰撞	理論
	m_1(g)		
	m_2(g)		
	V_{1i}(cm/s)		
	V_{1f}(cm/s)		
	V_{2f}(cm/s)		
碰撞前動量	P_i(dyne-s)		
碰撞後動量	P_f(dyne-s)		
動量損失率(%)	$(P_i-P_f)/P_i$		
碰撞前動能	K_i(erg)		
碰撞後動能	K_f(erg)		
動能損失率(%)	$(K_i-K_f)/K_i$		

(2)大滑走體碰撞小滑走體

	次數	大滑走體碰撞小滑走體	理論
	$m_1(g)$		
	$m_2(g)$		
	$V_{1i}(cm/s)$		
	$V_{1f}(cm/s)$		
	$V_{2f}(cm/s)$		
碰撞前動量	$P_i(dyne\text{-}s)$		
碰撞後動量	$P_f(dyne\text{-}s)$		
動量損失率(%)	$(P_i\text{-}P_f)/P_i$		
碰撞前動能	$K_i(erg)$		
碰撞後動能	$K_f(erg)$		
動能損失率(%)	$(K_i\text{-}K_f)/K_i$		

(3)小滑走體碰撞大滑走體

	次數	小滑走體碰撞大滑走體	理論
	$m_1(g)$		
	$m_2(g)$		
	$V_{1i}(cm/s)$		
	$V_{1f}(cm/s)$		
	$V_{2f}(cm/s)$		
碰撞前動量	$P_i(dyne\text{-}s)$		
碰撞後動量	$P_f(dyne\text{-}s)$		
動量損失率(%)	$(P_i\text{-}P_f)/P_i$		
碰撞前動能	$K_i(erg)$		
碰撞後動能	$K_f(erg)$		
動能損失率(%)	$(K_i\text{-}K_f)/K_i$		

碰撞前動量 $Pi=m_1 \times V_{1i}$

碰撞後動量 $Pf=m_1 \times V_{1f}+m_2 \times V_{2f}$

碰撞前動能 $Ki=0.5 \times m_1 \times V_{1i}^2$

碰撞後動能 $Kf=0.5 \times m_1 \times V_{1f}^2+0.5 \times m_2 \times V_{2f}^2$

理論 $V_{1f}=V_{1i} \times (m_1-m_2)/(m_1+m_2)$

理論 $V_{2f}=V_{1i} \times 2 \times m_1/(m_1+m_2)$

討　論

實 驗 ⑱

轉動慣量測定實驗

目 的

測定物體繞軸旋轉的轉動慣量,並與計算所得的理論值比較。

方 法

由落體產生一固定的力矩來轉動物體。假定落體與旋轉台的系統能量守恆,則由此守恆方程式可以測定物體的轉動慣量。

原 理

考慮圖 18-1 的系統,旋轉台 A 可以自由的繞 OO' 軸旋轉。當 m_1 的物體往下掉時能對 OO' 轉作用一力矩而使旋轉台轉動。若 m_1 從靜止下落一距離 h 時,速度為 v_1,而且旋轉台 A 的角速度為 ω_1,則:

$$v_1 = r\omega_1 \tag{18-1}$$

式中 r 為旋轉台對 OO' 的半徑,依能量守恆定律,則有:

$$m_1 gh = \frac{1}{2} m_1 v_1^2 + \frac{1}{2} I_1 \omega_1^2 \tag{18-2}$$

式中 I_1 是旋轉台對 OO' 軸的轉動慣量。

因為施力一定,故旋轉台 m_1 的加速度為定值,則 m_1 下落距離 h 與時間 t_1 有如下的關係。

$$h = \frac{1}{2}a_1{t_1}^2 = \frac{1}{2}v_1t_1$$

$$\therefore v_1 = \frac{2h}{t_1} \tag{18-4}$$

將式(18-1)，式(18-4)代入式(18-2)得：

$$m_1g = 2m_1h/{t_1}^2 + 2I_1h/{t_1}^2r^2 \tag{18-5}$$

$$\therefore I_1 = m_1r^2\left(\frac{g{t_1}^2}{2h} - 1\right) \tag{18-6}$$

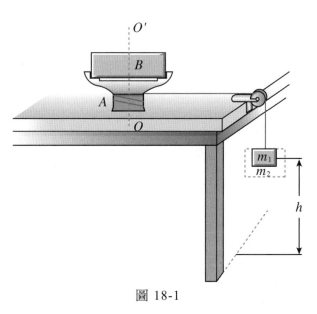

圖 18-1

從式(18-5)知道，測量 h 和 t_1 就可得到旋轉台的轉動慣量。

一般物體的形狀，如圖 18-1 的旋轉台就很難由計算求得其轉動慣量，故通常都以規則形狀的物體來做實驗，俾能夠讓實驗值與理論值相互印證，假設在圖 18-1 的系統中加上一規則形狀的物體 B，並將其重心置於 OO' 軸上時的轉動慣量為 I_2，則此系統對 OO' 軸的總轉動慣量為 $I_1 + I_2$。假設拖曳此系統的重物為 m_2，下落 h 距離所需的時間為 t_2，則：

$$I_1 + I_2 = m_1r^2\left(\frac{g{t_2}^2}{2h} - 1\right) \tag{18-7}$$

因此，B 物體的轉動慣量＝（總轉動慣量）－（旋轉台的轉動慣量）。

儀 器

1. 傳統實驗：轉動慣量實驗裝置（支座，旋轉台，滑輪組，支架，細線，鈎盤），砝碼組，測徑器，數字計時器，待測物（金屬圓盤，金屬圓環，金屬棒，金屬圓柱二），游標尺。

2. 數位化實驗：750 介面、轉動感應器(Rotary Motion Sensor)、樹立支柱、圓盤與圓環、細線、砝碼掛鈎（圖 18-2）。

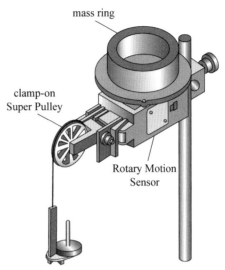

圖 18-2　架設好的實驗設備。

步　驟

一、傳統實驗

1. 用游標尺測量旋轉台繞線腰部的半徑 r。並測量各種規則待測物的重量和尺寸，以求出其理論值。

2. 取 4 米長的細線，一端繞過滑輪，繞在旋轉台腰部，一端則繫上鈎盤。

3. 在鈎盤上每次酌量增加微量砝碼，直到旋轉台稍微轉動就能夠開始等速旋轉為止。由於此作用是用來克服摩擦力且所加砝碼質量與系統所需的質量比較起來顯得很小，故可忽略不計。

4. 加上 20 克到 50 克的質量 m_1 在鈎盤上，做為系統加速運動所須之力，精確記錄鈎盤落下的距離 h 及時間 t_1。取不同質量，重複此步驟二次。

5. 置待測物體在旋轉台，重複步驟 3，然後再加一較大的質量 m_2，於鈎盤上，重複步驟 4。

6. 取不同待測物，重複以上步驟。

二、數位化實驗

1. 圓盤之轉動慣量（理論值）：
   圓盤半徑 r ＝ 4.8 cm　　圓盤質量 M ＝ 121 g
   $$I_1 = \frac{1}{2} Mr^2 = 1394 \text{ gcm}^2$$

2. 圓環之轉動慣量（理論值）：
   圓環外半徑 r_2 ＝ 3.8 cm　　圓環內半徑 r_1 ＝ 2.7 cm　　圓環質量 M' ＝ 467 g
   $$I_2 = \frac{1}{2} M' (r_1{}^2 + r_2{}^2) = 5074 \text{ gcm}^2$$

3. 測量 α 值（角加速度）：
   (1) 在圖表上方選擇適配，然後選擇線性，把所要拉的斜率框起來（圖 18-3）。
   (2) 得出斜率（角加速度 α），記錄之。

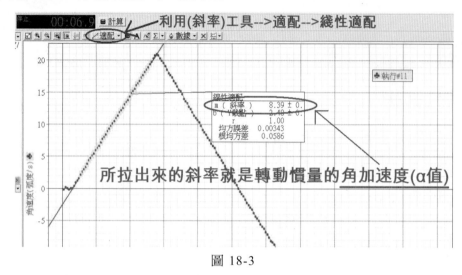

圖 18-3

4. 利用 α 值計算轉動慣量 I：
   (1) 圓盤的轉動慣量 I_1（理論值 = 1394 gcm^2）

   $$I_{圓盤} = mr(\frac{g}{\alpha} - r)$$

   m 為砝碼掛鉤重量

   r 為圓盤下轉動滑輪的半徑 = 1.42 cm

   α 為轉動之角加速度（實驗測量數據）

   (2) 圓環的轉動慣量 I_2（理論值 = 5074 gcm^2）

   $$I_{圓環} = I_{圓盤+圓環} - I_{圓盤}$$

附 表

● 表 18-1

物體	軸	轉動慣量	物體	軸	轉動慣量
圓盤	通過圓心	$\frac{1}{2}Mr^2$	圓柱（橫放）	通過圓柱重心	$M(\frac{r^2}{4} + \frac{l^2}{12})$
圓環	通過圓心	$\frac{1}{2}M(r_1^2 + r_2^2)$	矩形棒	通過矩形 $a\,b$ 之重心	$M(\frac{a^2}{12} + \frac{b^2}{12})$

實驗報告

實驗 18　轉動慣量測定實驗

班級＿＿＿＿＿　　組別＿＿＿＿＿　　日期＿＿＿＿＿

姓名＿＿＿＿＿　　學號＿＿＿＿＿　　評分＿＿＿＿＿

記　錄

一、圓盤之轉動慣量 I_1

圓盤半徑　$r = 4.8$ cm

質量　$M = 121$ g

理論值　$I_1 = \dfrac{1}{2} Mr^2 = 1394$ g.cm^2

m (托盤+砝碼)	角加速度 α	轉軸半徑 r	轉動慣量 I_1 (g.cm^2)
20		1.42	
40		1.42	
60		1.42	
		平均值 I_1(av)	
		百分誤差 e %	

二、圓環之轉動慣量 I_2

圓環外半徑　$r\,2 = 3.8$ cm

圓環內半徑　$r\,1 = 2.7$ cm

質量　M' = 467 g

理論值　$I_2 = \dfrac{1}{2} M'\left(r_1^2 + r_2^2\right) = 5074$ g.cm^2

m (托盤+砝碼)	角加速度 α	轉軸半徑 r	轉動慣量 I_1+I_2 (g.cm^2)	轉動慣量 I_2 (g.cm^2)
20		1.42		
40		1.42		
60		1.42		
			平均值　I_2(av)	
			百分誤差　e %	

問　題

1. 求出各待測物實驗值與理論值的百分誤差，並分析誤差來源。

討　論

實　驗 ⑲

楊氏係數測定實驗 Ⅰ

目　的

利用 Searle 器測伸長金屬線的楊氏彈性係數。

方　法

將金屬線的上端固定，下端負載砝碼，測量其長度、伸長量、截面積及所加重量，並從這些量計算楊氏彈性係數。

原　理

實驗上發現，在一定的限度內，物體受力而產生的變形程度比例於受力的大小，此種比例關係稱為「虎克定律」，亦就是彈性理論的基礎。超此限度的力，虎克定律不再成立，我們稱此限度為「彈性限度」，當力移開時，物體會恢復原來的形狀，所以亦有定義彈性限度為可以恢復原狀的最大應力。

通常受力的變形是依物體的單位變化來描述的，此單位變化稱為應變。譬如線被拉長了，則單位長度的改變量即為此時的應變，設線長 L，增長 Δl，則應變 $s = \Delta l / L$。

縱使在彈性限度內，每種物體亦會表現出不同的行為來，一些物質在應力移開後很快就恢復原來的樣子，可是有些物質要經過很久的時間才會恢復，此恢復到原來形狀的時間稱為「彈性後效」。

除了彈性後效，不同的物體在相同的應力之下亦有不同的應變。此種不同性可應力與應變的比值來分別，通常物體長度受力改變的這個比值稱為楊氏彈性係數。當一根線被拉時，除了應力方向的長度有改變外，線的截面積也會有些微的減小，在此的楊氏彈性係數 Y 只是考慮應力方向的長度的縱向應力，所以：

$$楊氏係數 = \frac{應力}{應變} = \frac{力／截面積}{伸長度／線長}$$

$$Y = \frac{Mg / \pi r^2}{\Delta l / L} = \frac{MgL}{\pi r^2 \Delta l} \tag{19-1}$$

其中 r 是線截面積的平均半徑，M 是重物質量，g 是重力加速度。

儀 器

Searle 器（支座，測微計，水平儀），鉤盤，槽碼，螺旋測微器，米尺，待測金屬線（銅線、鋼線）。

1. 金屬線固定螺旋須確實鎖緊，以防脫落。
2. 調整測微計時，必須保持輕徐的動作。

步 驟

1. 裝置如圖 19-1 所示，先將待測金屬線兩端鎖緊在固定螺旋上。

2. 將水平儀置於 Searle 器的架子上，並將鉤盤裝妥。

3. 轉動測微計使水平儀的氣泡靜止在中心處，並記錄其讀數，此為零點 l_0。

4. 量取未伸長金屬線的長度，記為 L。

5. 使用螺旋測微器在三個不同處量取金屬線的直徑，記為 $2r$。

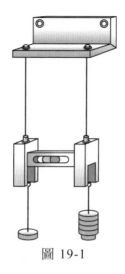

圖 19-1

6. 在附有測微計的鉤盤上，每次增加 1kg 的槽碼，每加一槽碼，則調整測微計使水平儀保持水平，依次記錄為 l_1、l_2、l_3、l_4、l_5。

7. 依次取下槽碼後，並調整測微計使水平儀保持水平，記錄其讀數 l_5'、l_4'、l_3'、l_2'、l_1'、l_0'。

8. 取下槽碼後，再在金屬線上三個不同處量取直徑 $2r$，並記錄之。

9. 依所量數計算後代入式(19-1)，即得金屬線的楊氏係數。

附 表

• 表 19-1 固體之楊氏係數($Y \times 10^{11} dyne/cm^2$)

物 質	鑄 鐵	鍛 鐵	鋼 鐵	銅	黃 銅	青 銅
楊氏係數	10~13	19~20	19.5~20.6	13.3~12.9	9.7~10.2	8.08

實驗報告

實驗 19　楊氏係數測定實驗 I

班級＿＿＿＿＿＿　　組別＿＿＿＿＿＿　　日期＿＿＿＿＿＿

姓名＿＿＿＿＿＿　　學號＿＿＿＿＿＿　　評分＿＿＿＿＿＿

記　錄

一、銅線

銅線直徑 2r		
加重前	1	
	2	
	3	
減重後	1	
	2	
	3	
平均值		

長度 $L=$　　　半徑 $r=$

次數	重量 M	測微計加重讀數 l_i	測微計減重讀數 $l_i{}'$	平均值 $\bar{l_i} = \dfrac{l_i + l_i{}'}{2}$	伸長量 $\Delta l_i = \bar{l_i} - \bar{l_0}$	楊氏係數 Y
0	0					
1	1					
2	2					
3	3					
4	4					
5	5					
					平均值	

二、銅線

銅線直徑 2r		
加重前	1	
	2	
	3	
減重後	1	
	2	
	3	
平均值		

長度 L=　　　　半徑 r=

次數	重量 M	測微計加重讀數 l_i	測微計減重讀數 l_i'	平均值 $\bar{l_i} = \dfrac{l_i + l_i'}{2}$	伸長量 $\Delta l_i = \bar{l_i} - \bar{l_0}$	楊氏係數 Y
0	0					
1	1					
2	2					
3	3					
4	4					
5	5					
					平均值	

問 題

1. 試比較楊氏係數實驗值與公認值的誤差。

2. 在實驗過程中，溫度的變化對金屬線的伸長量有何影響。

3. 在未加重量與取去重量後各量金屬線的直徑三次，其原因何在？

實 驗 ⑳

楊氏係數測定實驗 II

目 的

利用彈性曲線方程式和光槓桿測定金屬棒的楊氏係數。

方 法

橫樑受力將導致變形，因此以光槓桿測出應變的長度變化配合彈性曲線方程式，求得金屬棒的楊氏係數。

原 理

一、曲線方程式

橫樑受鉛直力之作用，所生應變稱為彎曲(Bending)，如圖 20-1 所示，上層互相壓迫而收縮，下層則伸張，於是介於收縮與伸張之間必有一層不縮不張，保持原有之長，如 ABCD，稱為中立層(Neutral layer)。中立層與樑之任意橫斷面的交線，如 EF，稱為中立軸，AB 或 CD 稱為彈性曲線(Elastic curve)，其方程式稱為彈性曲線方程式。

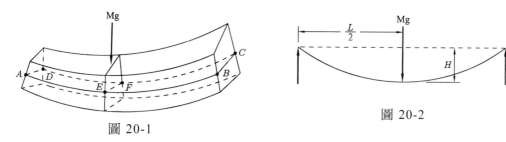

圖 20-1

圖 20-2

樑之彈性曲線依其長短、斷面形狀、材料及負荷之分佈而異。對單樑而言，若其支點在兩端，負荷集中在中央（圖 20-2），則其彈性曲線的最大彎度，即凹下的距離 H 為：

$$H = \frac{MgL^3}{4YBt^3} \tag{20-1}$$

其中 Mg 為所加重量，L 為樑長，B 為樑寬，t 為樑厚，Y 為楊氏係數。

二、光槓桿原理

將一固定光線射入一平面反射鏡，若反射鏡面轉動 θ 角，則反射光線將轉動 2θ 角，此為光槓桿之原理。

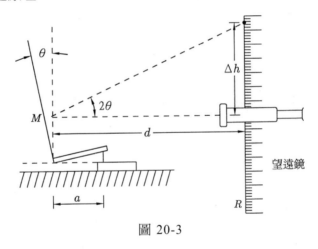

圖 20-3

如圖 20-3 所示，當反射鏡 M 轉動 θ 角，反射光則轉動 2θ 角，因此望遠鏡內看見米尺的刻度已不再是原先的位置，而是移動 h 刻度的位置。

假設光槓桿前腳與後腳之垂直距離為 a，反射鏡 M 與米尺間之距離為 d，當金屬橫樑懸掛重物時凹下的距離為 H，則由圖 20-3 知：

$$\frac{H}{a} = \sin\theta1 \fallingdotseq \theta$$

$$\frac{h}{d} = \tan 2\theta \fallingdotseq 2\theta$$

所以 $\quad H = \frac{ah}{2d}$ $\tag{20-2}$

式(20-2)代入(20-1)得：

$$\frac{MgL^3}{4YBt^3} = \frac{ah}{2d}$$

所以　　$Y = \dfrac{MgL^3 d}{2Bt^3 ah}$　　　　　　　　　　　　　　　　(20-3)

儀 器

實驗室用望遠鏡，望遠鏡支架附米尺，光槓桿，測定實驗台，鈎盤，槽碼，米尺，游標測徑器，待測物（銅棒、鋼棒與青銅棒），鈎環。

1. 懸掛負荷應放置在兩邊刀口間之中點。
2. 棒長與棒厚均為三次方，須小心量度。

(a)楊氏係數測定器

(b)望遠鏡

圖 20-4

步 驟

1. 以米尺量置於兩刀口間待測金屬棒之距離 L，以游尺量得棒寬 B 與棒厚 t。

2. 將槓桿在紙上印成三足尖之小孔，量得前足尖至後兩足尖連線之垂直距離 a，並置其前足尖在金屬棒兩刀口中點。

3. 調整望遠鏡與鏡面在適當距離 d（約在 1.5 米處），轉動目鏡至十字線清晰，再伸縮望遠鏡筒，使米尺上刻度能夠明顯地映在十字線上，讀取此時無負荷時所見米尺的刻度，記為 h_0。

4. 每次增加 200 g 槽碼，直至 1000 g 為止，依次記錄望遠鏡中尺像的位置 h_1、h_2、h_3、h_4、h_5。

5. 然後再將負荷依次減少 200g，同樣記其位置 $h_5{}'$、$h_4{}'$、$h_3{}'$、$h_2{}'$、$h_1{}'$、$h_0{}'$。

6. 取其平均值代入式(20-3)，即可求 Y。

7. 取另二金屬棒，重複上述步驟。

（方法二）

儀 器

　　壓觸式測微器（千分表）、測定實驗台、鉤盤、槽碼、米尺、游標尺、待測物（銅、鋼、青銅）、鉤環。

步 驟

1. 以米尺量度測定實驗台上兩刀口之距離 L。

2. 將待測棒寬 B 及棒厚 t 分別量出後，置於兩刀口上。

3. 將鉤環吊上鉤盤後置於棒上兩刀口的中點位置。

4. 調整壓觸式測微器，使之針尖觸及鉤環上端的中央，並使其指針讀數約(4~5) mm，並記錄其讀數 H_0（此即無負載時之刻度）。

5. 每次增加 200 g 槽碼，記錄測微器之讀數 H_i，直到 1000 g 為止。

6. 每次減少 200 g 槽碼，同樣記錄測微器之讀數 $H_i{}'$。

7. 求出掛上同樣槽碼重時之讀數平均值，該值減去無負載時之刻度，即為彎曲量 H。

8. 代入式(20-1)即可求取待測棒 Y 之實驗值。

9. 取另二金屬棒，重複上述步驟。

實·驗·報·告

實驗 20　楊氏係數測定
實驗 II

班級＿＿＿＿＿＿　　組別＿＿＿＿＿＿　　日期＿＿＿＿＿＿

姓名＿＿＿＿＿＿　　學號＿＿＿＿＿＿　　評分＿＿＿＿＿＿

記　錄

一、銅棒

棒長 $L=$　　　　　　　　　　　光槓桿前足至後足距離 $a=$

棒寬 $B=$　　　　　　　　　　　鏡面至望遠鏡米尺距離 $d=$

棒厚 $t=$

次數	槽碼重 M	加重之讀數 h_i	減重之讀數 $h_i{}'$	平均值 $\overline{h_i}=\dfrac{h_i+h_i{}'}{2}$	$\Delta h_{i+1}=\overline{h}_{i+1}-\overline{h}_i$ $i=(0,1,2,3,4)$	$\Delta M_{i+1}=M_{i+1}-M_i$ $i=0,1,2,3,4$	楊氏係數 Y
0	0						
1	200						
2	400						
3	600						
4	800						
5	1000						
						平均值	

二、鋼棒

棒長 $L=$ 　　　　　　　　　　光槓桿前足至後足距離 $a=$

棒寬 $B=$ 　　　　　　　　　　鏡面至望遠鏡米尺距離 $d=$

棒厚 $t=$

次數	槽碼重 M	加重之讀數 h_i	減重之讀數 $h_i{}'$	平均值 $\overline{h_i} = \dfrac{h_i + h_i{}'}{2}$	$\Delta h_{i+1} = \overline{h}_{i+1} - \overline{h}_i$ $i = (0,1,2,3,4)$	$\Delta M_{i+1} = M_{i+1} - M_i$ $i = 0,1,2,3,4$	楊氏係數 Y
0	0						
1	200						
2	400						
3	600						
4	800						
5	1000						

平均值 　　

三、青銅棒

棒長 $L=$ 　　　　　　　　　　光槓桿前足至後足距離 $a=$

棒寬 $B=$ 　　　　　　　　　　鏡面至望遠鏡米尺距離 $d=$

棒厚 $t=$

次數	槽碼重 M	加重之讀數 h_i	減重之讀數 $h_i{}'$	平均值 $\overline{h_i} = \dfrac{h_i + h_i{}'}{2}$	$\Delta h_{i+1} = \overline{h}_{i+1} - \overline{h}_i$ $i = (0,1,2,3,4)$	$\Delta M_{i+1} = M_{i+1} - M_i$ $i = 0,1,2,3,4$	楊氏係數 Y
0	0						
1	200						
2	400						
3	600						
4	800						
5	1000						

平均值

問　題

1. 為何反射鏡面轉動 θ 角，則反射光轉動 2θ，試說明之。

2. 試比較以上銅棒、鋼棒與青銅棒實驗值與公認值的誤差。

討　論

實 驗 ㉑

扭擺實驗

目 的

利用扭擺決定金屬線的剛性係數。

方 法

在金屬線下端懸掛水平和垂直的圓環，分別測量其轉動慣量與扭轉週期，而計算出此金屬線的剛性係數。

原 理

任何彈性體，在彈性限度內，其應力與應變成正比，此即為虎克定律，可表為代數式：

$$\frac{應力}{應變} = e$$

其中 e 稱為彈性係數。

對剛體而言，切應力與切應變亦成正比，其比例常數則稱為剛性係數，如圖 21-1 所示，一立方體受力 F 而產生形體上的改變。假定底面固定，頂面的 H、I 兩點移至 H'、I' 位置上，KH 與 KH' 間之夾角 ϕ 甚小，受力面大小為 A，此時：

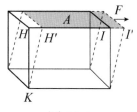

圖 21-1

$$切應力 = \frac{F}{A}$$

$$切應變 = \frac{HH'}{HK} = \tan\phi \simeq \phi$$

所以剛體剛性係數 n 為：

$$n = \frac{切應力}{切應變} = \frac{F/A}{\phi}$$

如圖 21-2a 所示，一圓柱體長 l，半徑為 R，上端不動，下端施一力，則使原來垂直的 AB 線扭轉成 AC，AB 與 AC 之夾角為 ϕ，BC 所張之角為 θ，則：

$$l\phi = 弧長BC = R\theta$$

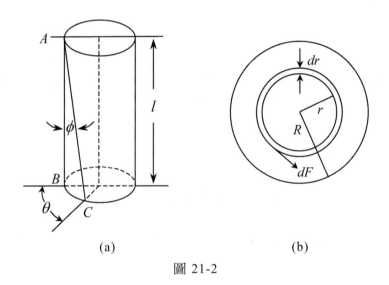

(a)   (b)

圖 21-2

據對稱原理，施力與變形在半徑 $r{\sim}r{+}dr$ 的圓環（圖 21-2b）上應均勻一致，若圓環面積 $dA \cong 2\pi r dr$ 且受力 F，則由式(21-1)可得：

$$n = \frac{dF/dA}{\phi} \simeq \frac{dF}{2\pi r dr}\frac{1}{\phi}$$

$$\therefore dF = 2\pi n\phi r dr$$

而此力 dF 對圓心 O 之力矩 $d\tau$ 為：

$$\tau = \int d\tau = \int r dF$$

$$\tau = \int_0^R 2\pi n \phi r^2 dr = \int_0^R 2\pi n \frac{r\theta}{l} r^2 dr = \frac{\pi n \theta}{2l} R^4$$

$$n = \frac{2l\tau}{\pi \theta R^4} \tag{21-2}$$

如圖 21-3 所示，一圓盤以金屬桿貫穿圓心，懸掛在支架上形成一扭擺。當圓盤扭至一角度後放開，由於金屬桿之回復力矩，使圓盤往復扭動。當扭轉角度甚小時，回復力矩 τ 與扭轉角度 θ 成正比，方向相反，此為簡諧運動之一種。所以：

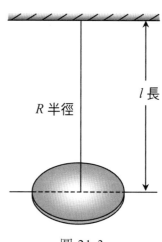

圖 21-3

$$\tau = -K\theta \tag{21-3}$$

其中 K 稱為扭轉常數。但

$$\tau = I\alpha = I \frac{d^2\theta}{dt^2}$$

其中 α 為角加速度，I 為扭擺之轉動慣量，所以運動方程式為：

$$-K\theta = I \frac{d^2\theta}{dt^2}$$

$$I \frac{d^2\theta}{dt^2} + \frac{K}{I}\theta = 0$$

$$\therefore \theta(t) = A\cos(\sqrt{\frac{K}{I}}t + \delta)$$

其中 A、δ 均為常數，角頻率 $\omega = \sqrt{\frac{K}{I}}$，若以 T 表週期，則：

$$T = \frac{2\pi}{\omega} = 2\pi\sqrt{\frac{I}{K}} \tag{21-4}$$

$$K = \frac{4\pi^2 I}{T^2}$$

式(21-3)代入式(21-2)：

$$n = \frac{2lK\theta}{\pi\theta r^4} = \frac{2lK}{\pi r^4} \qquad (21\text{-}5)$$

式(21-4)代入式(21-5)：

$$n = \frac{2l}{\pi r^4}(\frac{4\pi^2 I}{T^2}) = \frac{8\pi lI}{T^2 r^4} \qquad (21\text{-}6)$$

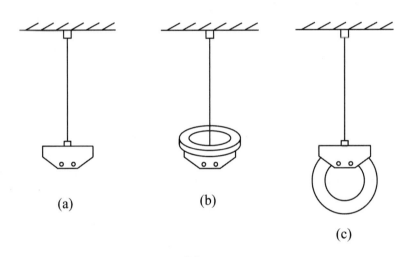

(a)　　　　(b)

(c)

圖 21-4

如圖 21-4a 所示，有一鋼線懸掛一重 W 的中空底盤，其轉動慣量為 I_0，其上放置金屬圓環，放置法有二：b 圖之水平放置與 c 圖之垂直放置，假設 b 圖之轉動慣量為 I_1，轉動週期為 T_b，c 圖之轉動慣量為 I_2，轉動週期為 T_c，則由式(21-4)知：

$$T_b^2 = \frac{4\pi^2}{K}(I_0 + I_1) \qquad (21\text{-}7)$$

$$T_c^2 = \frac{4\pi^2}{K}(I_0 + I_2) \qquad (21\text{-}8)$$

式(21-7)－式(21-8)：

$$T_b^2 - T_c^2 = \frac{4\pi^2}{K}(I_1 - I_2) \qquad (21\text{-}9)$$

式(21-9)代入式(21-5)：

$$n = \frac{2l}{\pi r^4}[4\pi^2 \frac{I_1 - I_2}{T_b^2 - T_c^2}]$$

$$\therefore n = \frac{8\pi l}{r^4} \frac{I_1 - I_2}{T_b^2 - T_c^2}$$

(21-10)

其中　　$I_1 = M\frac{b^2 + c^2}{2}$; $I_2 = M(\frac{b^2 + c^2}{4} + \frac{a^2}{12})$

M 是圓環質量，a 是圓環厚度，b 為內徑，c 為外徑。

儀　器

扭擺支架，扭擺圓環，扭擺座附，鋼線，米尺，計時器，游標尺，分厘卡。

1. 由式(21-10)中可知半徑係四次乘方，因此測量時須極其小心，並且在線上不同處測量，較為精確。
2. 固定鋼線時須確實旋緊，以防脫落，易生危險。
3. 此實驗為扭動之型態，並非擺動。

步　驟

1. 裝置如圖 21-5 所示，將鋼線兩端夾緊在支架與座附之四割夾線上。

2. 分別測量金屬圓環之重量、厚度、內徑及外徑各三次，並求其轉動慣量 I_1、I_2。

3. 分別以米尺和分厘卡測鋼線之長 l 與半徑 r 各五次，並記錄之。

4. 將金屬圓環水平放置在座附上，輕輕扭轉一小角度（小於 5 度），測量其週期 T_b（轉動 50 次之平均時間），重複四次並記錄之。

5. 將金屬圓環改為垂直放置，重複步驟 4，測其週期 T_c。

6. 代入式(21-10)，即可求得此鋼線之剛性係數。

7. 取另一鋼線重複此實驗。

附　表

● 表 21-1　固體之剛性係數($n \times 10^{11}$dyne/cm^2)

物　質	鑄　鐵	鍛　鐵	鋼　鐵	銅	黃　銅	青　銅	鋁	鉛
剛性係數	3.5~5.3	7.7~8.3	7.9~8.9	3.9~4.6	約 3.5	3.43	2.67	0.562

實·驗·報·告

實驗 21　扭擺實驗

班級＿＿＿＿＿＿　組別＿＿＿＿＿＿　日期＿＿＿＿＿＿

姓名＿＿＿＿＿＿　學號＿＿＿＿＿＿　評分＿＿＿＿＿＿

記 錄

一、轉動慣量

次　數	重　量 M	厚度 a	內徑 b	外徑 c	轉動慣量 I_1	轉動慣量 I_2
1						
2						
3						
平均						

二、剛性係數

待測物	次數	長度 l	半徑 r	週期 T_b	週期 T_c	剛性係數 n
	1					
	2					
	3					
	4					
	5					
	平均					
	1					
	2					
	3					
	4					
	5					
	平均					

問 題

1. 將實驗值與公認值比較其誤差大小。

2. 扭擺週期會因角位移的大小而變化嗎？

3. 如圓環厚度極小，水平放置與垂直放置的轉動慣量有何關係？

4. 扭轉角度太大時，發生什麼影響？

實　驗　㉒

固體比重測定實驗

目　的

應用阿基米得原理測定固體的比重。

方　法

物體在空中的重量及水中的重量之差即為與該物體同體積的水的重量，因此測量此兩種情況下物體的重量，以求出固體比重。

原　理

某物質在 $t\,°C$ 時的比重 S 被定義為：

$$S = \frac{物重}{與該物體同體積4°C純水重} = \frac{物之密度}{4°C時水之密度} \qquad (22\text{-}1)$$

因為 $4°C$ 的純水其密度為 $1\,g/cm^3$，故其比重與密度之數值相等。

若此物質在空氣中重 M 克，在 $t\,°C$ 的水中重 M_1 克，與該物體同體積之水重 M' 克，由阿基米得原理知：

$$M' = M - M_1 \qquad (22\text{-}2)$$

故 $t\,°C$ 時，該物之比重為：

$$S_t = \frac{M}{M'} = \frac{M}{M - M_1} \qquad (22\text{-}3)$$

一、溫度校正

因為在 $t°C$ 時水之密度並非 $1g/cm^3$，設其為 D_t，則該物質之實際體積應為 M'/D_t，故經溫度修正後之比重 S 為：

$$S = \frac{M}{M'/D_t} = \frac{M}{M'} \times D_t = S_t \times D_t \tag{22-4}$$

二、空氣浮力之校正

設天平的砝碼所受之空氣浮力可以免計，若待測物質在 $t°C$ 時的體積為 V，空氣之密度為 λ，物質在空氣中的重量為 M，真實比重為 S_0，則：

$$S_0 V - \lambda V = M \tag{22-5}$$

又設與該物質同體積的水在 $t°C$ 時之重量為 M'，此時其密度為 D_t，則：

$$D_t V - \lambda V = M' \tag{22-6}$$

由式(22-5)、式(22-6)可得：

$$\frac{S_0 V - \lambda V}{D_t V - \lambda V} = \frac{M}{M'} = S_t \tag{22-7}$$

$$S_0 - \lambda = S_t(D_t - \lambda) \tag{22-8}$$

$$S_0 = S_t D_t + \lambda - \lambda S_t = S + \lambda(1 - S_t) \tag{22-9}$$

因為 S_t 與 S 相差很小，所以：

$$S_t \cong S$$
$$S_0 = S + \lambda(1 - S) \tag{22-10}$$

儀　器

三桿天平或物理天平，砝碼，溫度計，燒杯，細線，沉引鋼塊，待測物（鋼塊、石臘），吸管。

1. 測量時，不要讓氣泡附著於待測物上。
2. 天平使用前須先歸零，先把秤盤內空著，把所有游碼游至最左方，使歸至零之位置。再觀察右方之指標是否停在零點，若非如此，可調整樑之左下方之螺旋，直至歸零為止。
3. 一般使用時，托盤平放在秤盤底下。實驗時先移開秤盤，將托盤提上固定後，再把秤盤掛回原位。使用時秤盤內之金屬盤不可拿開，否則無法歸零。

步　驟

一、鋼塊（比水重的固體）、鋁塊、銅塊

1. 用天平測定鋼塊在空氣中的重量 M 克。

2. 如圖 22-1，在秤盤上方托盤 C 中置一燒杯 B，內盛純水。在天平之鉤 E 處繫一細線，下懸盛物盤 A。在細線與水面之交點作一記號 F，得盛物盤在水中重 M_1。

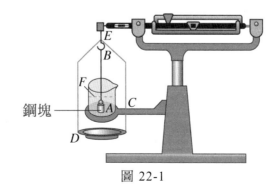

圖 22-1

3. 取出 A 盤，將拭淨之鋼塊放於盤上，再將 A 盤放入水中，可見杯中之水升至 F 以上，用吸管吸去 F 以上之水，秤得 A 盤與鋼塊總重量為 M_2。

4. 由以上可得鋼塊在水中的重量 $M' = M_2 - M_1$，代入式(22-3)可得視比重 S_t。

5. 量出水溫 t，查出在此溫度水之密度 D_t，再加以溫度及空氣浮力校正可得 S_0。

二、石蠟（比水輕的固體）

6. 測定石蠟在空氣中的重量 M 克。

7. 如圖 22-2，將沉引 G 置於盛物盤 A 中，石蠟 H 繫在細線上將此線掛於天平之鉤上，將盛物盤與沉引沉入燒杯中而石蠟仍留在空氣中，同步驟 2 測得重量為 M_1。

8. 如圖 22-3，移動石蠟與盛物盤、沉引一同沉入水中，測得重量 M_2，則 $M_1 - M_2 = M'$ 為與待測物同體積之水重，故代入式(22-3)可得石蠟之視比重 S_t。

9. 加以溫度及空氣浮力校正後可得 S_0。重複上述步驟二次，取得平均值。

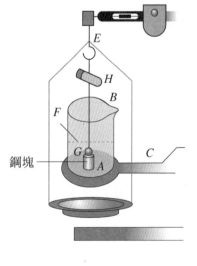

圖 22-2

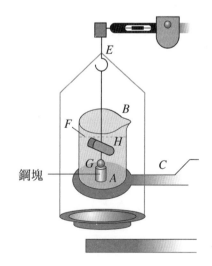

圖 22-3

附 表

- 表 22-1　水的比重

溫度 (℃)	0	1	2	3	4	5	6	7	8	9
0	0.99987	0.99993	0.99997	0.99999	1.00000	0.99999	0.99997	0.99993	0.99988	0.99981
10	0.99973	0.99963	0.99952	0.99940	0.99927	0.99913	0.99897	0.99880	0.99862	0.99843
20	0.99823	0.99802	0.99780	0.99756	0.99732	0.99707	0.99681	0.99654	0.99626	0.99597
30	0.99567	0.99537	0.99505	0.99473	0.99440	0.99406	0.99371	0.99336	0.99299	0.99262
40	0.99224	0.99186	0.99147	0.99107	0.99066	0.99024	0.98982	0.98940	0.98896	0.98852

- 表 22-2　空氣的密度 ($\lambda \times 10^{-3}\,\mathrm{gm/cm^3}$)

mmHg ℃	690	700	710	720	730	740	750	760	770	780
0	1.174	1.191	1.208	1.225	1.242	1.259	1.276	1.293	1.310	1.327
5	1.153	1.169	1.186	1.203	1.220	1.236	1.253	1.270	1.286	1.303
10	1.132	1.149	1.165	1.182	1.198	1.214	1.231	1.247	1.264	1.280
15	1.113	1.129	1.145	1.161	1.177	1.193	1.209	1.226	1.242	1.258
20	1.094	1.109	1.125	1.141	1.157	1.173	1.189	1.205	1.220	1.236
25	1.075	1.091	1.106	1.122	1.138	1.153	1.169	1.184	1.200	1.215
30	1.057	1.073	1.088	1.103	1.119	1.134	1.149	1.165	1.180	1.195

- 表 22-3　金屬之比重

物 質	金	銀	銅	鐵（鋼）	鋁	鉛
比 重	19.3	10.50	8.93	7.89	2.69	11.34

● 表 22-4　非金屬之比重

物　質	普通玻璃	石　蠟	石	軟　水
比　重	2.4~2.8	0.87~0.91	2.5~3.0	0.22~0.26

實·驗·報·告

實驗 22　固體比重測定實驗

班級＿＿＿＿＿＿　組別＿＿＿＿＿＿　日期＿＿＿＿＿＿

姓名＿＿＿＿＿＿　學號＿＿＿＿＿＿　評分＿＿＿＿＿＿

記　錄

一、鋼塊

次數	t	D_t	λ	M	M_1	M_2	M'	S_t	S	S_0
1										
2										
3										
							平均值			

二、鋁塊

次數	t	D_t	λ	M	M_1	M_2	M'	S_t	S	S_0
1										
2										
3										
							平均值			

三、銅塊

次數	t	D_t	λ	M	M_1	M_2	M'	S_t	S	S_0
1										
2										
3										
							平均值			

問　題

1. 試比較實驗值與公認值之誤差。

2. 試說明密度與比重之關係。

實 驗 ㉓

液體比重測定實驗

目 的

利用黑爾方法測定液體比重。

方 法

兩相連的玻璃管下，一置純水，一置待測液體，若由管上抽掉一部分空氣，則由兩管液體的上昇高度比，即可求得待測液體的比重。

原 理

黑爾(Hare)裝置為二玻璃管固定在木架上，下置兩玻璃杯，各放不同的液體，管上部連接一橡皮管，橡皮管接一安全吸球，兩管間置一米尺。實驗時，使用安全吸球，吸出管內空氣，此時兩管內的液面即上昇，其高度可由米尺讀出。設在常溫 $t°C$ 時，純水的密度為 d_1，上昇高度為 h_1，待測液體的密度為 d_2，上昇高度為 h_2，則：

$$h_1 d_1 g = h_2 d_2 g \tag{23-1}$$

$$\therefore \frac{d_2}{d_1} = \frac{h_1}{h_2} \tag{23-2}$$

而比重之比為：

$$\frac{S_2}{S_1} = \frac{d_2}{d_1} = \frac{h_1}{h_2} \tag{23-3}$$

如打開彈簧夾 P_1、P_2 送入適量空氣，則兩液面下降為 h_1'、h_2'，則下列關係成立（彈簧夾 P_2 在安全吸球處，P_1 在兩管上端相連處）：

$$\frac{S_2}{S_1} = \frac{h_1 - h_1'}{h_2 - h_2'} \tag{23-4}$$

$$S_2 = S_1 \frac{h_1 - h_1'}{h_2 - h_2'} \tag{23-5}$$

式(23-5)右邊各值皆可由查表或實際量得之，故待測液體之比重 S_2 即可求得。

儀　器

黑爾裝置（底座及背板，兩相連玻璃管，安全吸球，米尺），燒杯，木頭墊，溫度計，待測液體，比重計二。

步　驟

1. 調整黑爾裝置使成垂直，底下各置一個燒杯，一盛純水，一盛待測液體。

2. 測得此時室溫為 t。

3. 打開彈簧夾 P_1、P_2 吸出管內空氣，隨即關緊 P_1、P_2，並記錄兩管內液面的上昇高度 h_{10}、h_{20}。

4. 鬆開彈簧夾 P_2 使空氣進入 P_1、P_2 間，關緊 P_2 再打開 P_1，則空氣進入玻璃管，使液面下降，讀取此時兩管刻度記為 h_{11}、h_{21}。

5. 重複步驟 3，讀取刻度 h_{12}、h_{22}，如此繼續重複直至讀取刻度為 h_{17}、h_{27} 時為止。

6. 計算 $h_1 - h_1'$、$h_2 - h_2'$ 及 $(h_1 - h_1')/(h_2 - h_2')$，再由表知溫度 $t°C$ 時純水之比重，代入式(23-5)，即可求得待測液體之比重 S_2。

7. 利用比重計測得待測液體之比重。

8. 更換不同之待測液體，測得其比重。

附 表

● 表 23-1　液體比重

物　質	酒　精	乙　醚	甘　油	石　油	海　水
比　重	0.79	0.74	1.26	0.88	1.03

註：水的比重見表 22-1。

實·驗·報·告

實驗 23　液體比重測定實驗

班級＿＿＿＿＿＿＿　組別＿＿＿＿＿＿＿　日期＿＿＿＿＿＿＿

姓名＿＿＿＿＿＿＿　學號＿＿＿＿＿＿＿　評分＿＿＿＿＿＿＿

記 錄

溫度 $t=$					純水比重（查表）$S_1=$					
純水					待測液體（　　　　）					
次數	h_1	次數	$h_1{}'$	$h_1-h_1{}'$	次數	h_2	次數	$h_2{}'$	$h_2-h_2{}'$	比重 S_2
h_{10}		h_{14}			h_{20}		h_{24}			
h_{11}		h_{15}			h_{21}		h_{25}			
h_{12}		h_{16}			h_{22}		h_{26}			
h_{13}		h_{17}			h_{23}		h_{27}			
									平均值	

溫度 $t=$					純水比重（查表）$S_1=$					
純水					待測液體（　　　　）					
次數	h_1	次數	$h_1{}'$	$h_1-h_1{}'$	次數	h_2	次數	$h_2{}'$	$h_2-h_2{}'$	比重 S_2
h_{10}		h_{14}			h_{20}		h_{24}			
h_{11}		h_{15}			h_{21}		h_{25}			
h_{12}		h_{16}			h_{22}		h_{26}			
h_{13}		h_{17}			h_{23}		h_{27}			
									平均值	

溫度 $t=$					純水比重（查表）$S_1=$					
純水					待測液體（　　　　）					
次數	h_1	次數	$h_1{}'$	$h_1-h_1{}'$	次數	h_2	次數	$h_2{}'$	$h_2-h_2{}'$	比重 S_2
h_{10}		h_{14}			h_{20}		h_{24}			
h_{11}		h_{15}			h_{21}		h_{25}			
h_{12}		h_{16}			h_{22}		h_{26}			
h_{13}		h_{17}			h_{23}		h_{27}			
									平均值	

問　題

1. 比較由實驗值與由比重計所測得的誤差。

2. 試證式(23-4)可成立。並說明為何不直接適用式(23-3)而取式(23-4)。

實 驗 ㉔

表面張力測定實驗-Du Nouy

目 的

用 Du Nouy 張力計測定液體的表面張力。

方 法

將一金屬環之下端浸入液體中，然後由液體中提起，當金屬環將要離開液面時，有一層液體之薄膜隨環之下端附著。若將環往上提，此膜便會斷，於是環和液體完全離開，如測定切斷此層液膜之力，即可測得液體之表面張力。

原 理

分子由於相互吸引作用而凝聚成液體，在液體中的分子四面八方都受到吸引力，但也因此每個方向受力皆相等，合力為零。但在表面上的分子受力並不均勻，結果合成一往下的合力 R。當分子從內部移到表面時需要作功，換言之，表面位能較高，此超過的單位面積表面能稱為「表面張力」。這個表面層約只有幾個分子厚。

液體表面有表面張力，所以當我們用一環浸在液體中，再提到表面以上時，液體表面積將增加，即需要作功，此功等於增加的表面積乘以表面張力，也就是需要用力去提上金屬環。

設環長為 l，液面至金屬環提上時膜破的距離為 h，而且因為薄膜有上下兩層，所以實際上表面積的增加有兩倍，故所作的功 W 為：

$$W = Fh = 2lhT \tag{24-1}$$

$$T = \frac{F}{2l} \qquad (24\text{-}2)$$

其中 T 表表面張力，F 表拉力。

假設已知純水的表面張力 T_1，那麼只要測定純水與待測液體相對應的拉力 F_1 與 F_2，則待測液體的表面張力 T_2 為：

$$\frac{T_2}{T_1} = \frac{F_2/2l}{F_1/2l} \qquad (24\text{-}3)$$

$$\therefore T_2 = T_1 \cdot \frac{F_2}{F_1} \qquad (24\text{-}4)$$

儀 器

Du Nouy 張力計，金屬圓環，玻璃皿，溫度計，待測液體。

 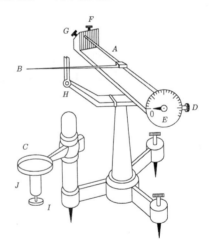

圖 24-1

步 驟

1. 將指針 E 歸零。

2. 將螺旋 F 放鬆，旋轉 G 使 B 桿恰好從 H 支台浮上之狀態，又將 F 旋緊，固定鋼絲 A。

3. 玻璃皿盛水後置於 J 支持台上，旋轉 I 使金屬圓環 C 與液面確實微微接觸。

4. 旋轉螺旋 D，使鋼絲生一扭力，緩緩將金屬圓環提離液面，至金屬圓環離開液面時為止，記錄此時刻度 F_1，即代表拉力。並重複此步驟四次，取其平均值。

5. 將玻璃皿內液體換成待測液體，重複步驟 3 及 4，測得刻度 F_2。

6. 量取此時室溫 t，由表查知純水在該溫度的表面張力 T_1，代入式(24-4)，待測液體的表面張力 T_2 即可求得。

7. 再取另一液體，重複上述步驟。

附 表

● 表 24-1　水之表面張力(dyne/cm)

溫度(℃)	0	5	10	15	20	25	30	40	60	80
表面張力	75.64	74.92	74.22	73.49	73.75	71.97	71.18	69.56	66.18	62.61

● 表 24-2　液體之表面張力(dyne/cm)（20℃）

物　質	酒　精	乙　醚	甘　油	石　油
表面張力	22.3	16.5	63.4	26.0

實·驗·報·告

實驗 24　表面張力測定實驗
-Du Nouy

班級＿＿＿＿＿＿　組別＿＿＿＿＿＿　日期＿＿＿＿＿＿

姓名＿＿＿＿＿＿　學號＿＿＿＿＿＿　評分＿＿＿＿＿＿

記　錄

室溫 $t=$					
待測液體	刻度 F				表面張力 T
	1	2	3	平均	
純水					
甘油					

問 題

1. 本實驗之準確度如何？試說明原因。

2. 加入少量的鹽，會稍微改變水的表面張力，若加入少量的油，則表面張力將有很大的改變。試說明之。

討 論

實 驗 ㉕

表面張力測定實驗-Jolley

目 的

直接測量液體的表面張力。

方 法

利用 Jolley 彈簧秤之張力測定液體之表面張力。

原 理

在液體表面，單位長度所受的力為表面張力。

如圖 25-1，在某一液體表面的任一方向，有一長為 l 的兩邊皆受到一大小相等，方向相反的力，依定義該液體的表面張力 $T = \dfrac{F}{l}$。

一圓環（圖 25-2a）先浸入液體中，然後再拉離液面，則液面會被提起如圖 25-2b（剖面圖）。

圖 25-1

r_1 為圓環的內徑，r_2 為圓環外徑，h 為液面至圓環底端的高度，d 為此液體的密度。$1/2(r_1 + r_2)$ 為圓環的平均半徑，液體被提起的體積為：

$$2\pi(\frac{r_1 + r_2}{2})(r_2 - r_1)h$$

其重量為：

$$\pi(r_1 + r_2)(r_2 - r_1)dgh$$

若 F' 為圓環所受向上的拉力，則該液體的表面張力：

$$T = \frac{F}{l} = \frac{F' - (環重 + 水重)}{l} = \frac{k(x - x_0) - \pi(r_2^2 - r_1^2)dh}{2\pi(r_1 + r_2)}$$

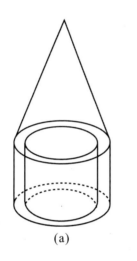
(a)

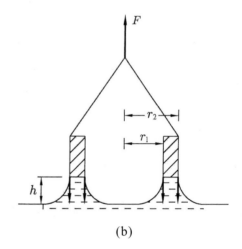
(b)

圖 25-2

儀 器

Jolley 張力計、彈簧秤、金屬圓環、溫度計、燒杯、待測液體、砝碼。

步 驟

1. 把彈簧秤掛在支架上如圖 25-3，砝碼盤掛在彈簧秤的底端，讀出指針所對準尺上的刻度（即為零刻度）。

2. 加 0.1 克砝碼在砝碼盤上，並讀出指針在尺上的刻度。

3. 每次增加 0.1 克砝碼，一直加到砝碼等於 1 克時為止，並讀出每次的刻度。

4. 以彈簧伸長的長度為橫軸，以砝碼的重量為縱軸，劃一圖形，然後把各點連結起來，其斜率即為此彈簧的力常數 k。則 $F = kx$（虎克定律）。

5. 從步驟 1 到步驟 4 再做四次，求力常數 k 的平均值。

6. 把砝碼盤拿下來，然後掛上圓環，注意圓環要水平。

7. 燒杯加滿水後放在水平台上。

8. 調整支架和水平台下面的螺旋測微器（水平台和螺旋測微器的游尺一起上下移動）使圓環的底端剛好接觸水面，並讀出彈簧指針所指的刻度 h_1 和螺旋測徑器的刻度 y_1。

9. 慢慢旋轉螺旋測微器的游尺向下移動，燒杯內液體的表面也就跟著降低，直到圓環底端所拉高的水薄膜快破為止。

10. 讀出此時彈簧指針所指的刻度 h_2 及螺旋測微器的刻度 y_2。

11. 彈簧伸長的長度 $x = h_2 - h_1$，而液面至圓環底端的高度 $h = (y_2 - y_1) - x$。

12. 從步驟 9 到步驟 11 再做四次，求 x 及 h 的平均值。

13. 代入虎克定律 $F = kx$，可求出彈簧對圓環所施向上的拉力。

14. 用游標測徑器測圓環的內徑 r_1 及外徑 r_2 的平均值。

15. 代入公式即可求出表面張力。

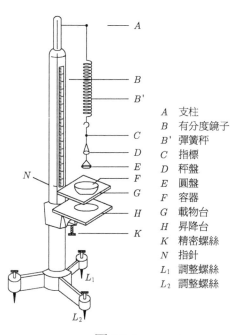

A	支柱
B	有分度鏡子
B'	彈簧秤
C	指標
D	秤盤
E	圓盤
F	容器
G	載物台
H	昇降台
K	精密螺絲
N	指針
L_1	調整螺絲
L_2	調整螺絲

圖 25-3

實·驗·報·告

實驗 25 表面張力測定實驗 -Jolley

班級＿＿＿＿＿＿　　組別＿＿＿＿＿＿　　日期＿＿＿＿＿＿

姓名＿＿＿＿＿＿　　學號＿＿＿＿＿＿　　評分＿＿＿＿＿＿

記　錄

一、求彈簧的力常數 *k*

1. 數據：

次數 \ 彈簧伸長量 \ 砝碼重量									
1									
2									
3									
4									
5									

2. 求彈簧對圓環所施向上的拉力 F 及液面至圓環底端的高度 h。（單位為 cm）

次數	h_1	h_2	$x = h_2 - h_1$	y_1	y_2	$Y = y_2 - y_1$	$F = kx$	$H = y - x$
1								
2								
3								
4								
5								

平均值 $F =$ _____ (dyne)

平均值 $h =$ _____ (cm)

3. 圓環的平均內徑 r_1 _____ (cm)

圓環的平均外徑 r_2 _____ (cm)

張力 T _____ (dyne/cm)

問 題

1. 從結果推論，哪些因素影響液體表面張力大小？其關係如何？

2. 試用運動論解釋表面張力形成的原因。

實 驗 ㉖

黏滯係數測定實驗

目 的

利用毛細管測定液體之黏滯係數。

方 法

置兩不同高度的溢流槽，中接一毛細管，由於壓力的不同，液體從較高的溢流槽經毛細管流到較低溢流槽，測量流速就可計算得知此液體的黏滯係數。

原 理

液體的性質為對使其變形之力沒有永久性的抵抗，然而不同的液體受力而變形的速率不同，這種液體對其形狀改變之短暫阻抗稱為內摩擦力或黏滯力，由實驗知一液體於常溫時每單位面積之力與形狀改變率之比為一常數，此常數稱為液體之黏滯係數。當液體到達穩流時，與管壁接觸之液體分子是靜止的，越接近中央，液體移動的速度越大，如圖 26-1 所示。

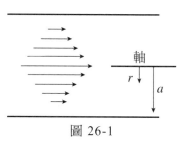

圖 26-1

考慮一半徑為 a，長度為 l 之管，一液體在規則運動狀況下通過此管（圖 26-2）。距圓筒軸心 r 處的層面上每平方公分的黏滯拉曳力等於黏滯係數 η 乘以剪力率（即對圓筒軸心徑向距離的速度改變率 dv/dr），以數學式表示：

$$f = \eta \frac{dv}{dr}$$

此力乘以液體內部圓筒的表面積，組成了相鄰圓筒殼間的總黏滯拉曳力，作用於壓力梯度相反的方向。

由壓力差 P（$P = h\rho g$，h 為兩溢流槽之液面高度差）的傾向使半徑為 r 的液體圓筒產生加速度之力為壓力乘以圓筒之橫斷面面積為 πr^2，在規則運動情況下，此二力大小相等，方向相反，即：

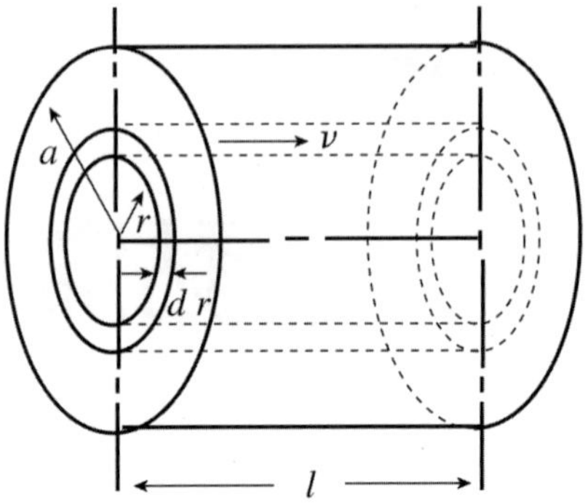

$$P\pi r^2 = -\eta \frac{dv}{dr} \cdot 2\pi r l$$

$$rdr = -\frac{2l\eta}{P}dv$$

因為半徑在 a 處時速率為 0，現在假設半徑在 r 處時，速率為 v，則：

$$\int_r^a rdr = -\frac{2l\eta}{P}\int_v^0 dv$$

$$a^2 - r^2 = \frac{4l\eta v}{P}$$

$$v = \frac{P(a^2 - r^2)}{4l\eta}$$

若每秒鐘流過半徑為 r 與 $r+dr$ 之圓筒殼之液體量 dq 為：

$$dq = 2\pi rdr \cdot v = P\pi(a^2 - r^2)rdr / 2l\eta$$

而每秒流經半徑 a，長度 l 之管的液體容積 q 為：

$$q = \int_0^a P\pi(a^2 - r^2)rdr / 2l\eta = P\pi a^4 / 8\eta l$$

設 Q 為經過時間 t 秒流出的容積，則：

$$\eta - \frac{P\pi a^4 t}{8lQ}$$

其中 a 表毛細管半徑，l 表長度，P 表兩溢流槽壓力差，Q 表液體流出的容積，t 是其經過時間。

圖 26-2

儀　器

黏滯係數測定裝置（底座附支柱，壓力計，溢流槽二，溫度計二，燒杯三，橡皮管），毛細管（已知半徑），計時器，量筒，待測液體。

1. 用毛細管測量時，勿以手指直接與之接觸，以免受溫度的影響。
2. 毛細管必須水平放置。

步　驟

1. 取一已知半徑的毛細管，量度其長度 l。

2. 連接橡皮管前讓水流進管之每一段以清潔內部，並藉虹吸作用，使水進入溢流槽。

3. 在最初調整時，通常使兩溢流槽液面高度相等較為方便，當所有連接完成後，將槽之入口提高，使兩槽間有很小的高度差，插管之不同段以確使無氣泡存在。

4. 以溫度計量度液體之溫度，若液體之黏滯度隨溫度而急遽變化時，須求其平均溫度。

5. 以量筒量度在時間 t 內，出口溢流槽下燒杯內液體的容積 Q。

6. 流率很慢時，出口管頂部之毛細現象將有一趨勢，即產生稍微過量之壓力，而使放水成為間歇性，為使溢流相等，可用肥皂摩擦出口管之頂部。

7. 讀兩流體壓力計，決定兩管間之壓力差 P。

8. 取不同半徑的毛細管重複此實驗，並求取此液體的黏滯係數。

9. 取不同液體重複以上步驟。

10. 如果毛細管之半徑為未知時，可取一移動式顯微鏡(Traveling microscope)調節其螺絲使其水平。

11. 先以酒精洗淨毛細管，吹乾後接上橡皮管插入水銀中，用吸氣法使水銀進入毛細管約 5~10 cm，將毛細管端正擺在顯微鏡下將十字瞄準線瞄準其一側，調整位移鈕，至瞄準另一側時，加以記錄，變更水銀在管用位置，分別觀察 5 次，另以天平測定其質量。

12. 室溫為 $t°C$，在水銀密度 ρ_1，毛細管截面為 s，半徑為 r cm，水銀柱長 l cm 時：

$$s = \pi r^2 \quad \rho sl = m \quad s = \frac{m}{\rho l}$$

$$\therefore r = \sqrt{\frac{s}{\pi}} = \sqrt{\frac{m}{\pi \rho l}}$$

附 表

• 表 26-1　水之黏滯係數(gm/cm sec)

溫度(°C)	0	10	20	30	40	50
黏滯係數	0.01794	0.01009	0.00800	0.00654	0.00407	0.00284

• 表 26-2　液體之黏滯係數(gm/cm sec)（20 度）

物　　質	酒　　精	乙　　醚	甘　　油	石　　油
黏滯係數	0.0172	0.00233	14.560	0.1274

大氣壓力：$1\,atm = 1.013 \times 10^6$ 達因／厘米$^2 = 1033.6\,cmH_2Oh$

實驗報告

實驗 26 黏滯係數測定實驗

班級_____ 組別_____ 日期_____

姓名_____ 學號_____ 評分_____

記 錄

液體	次數	半徑 a	長度 l	壓力差 P	時間 t	容積 Q	黏滯係數 η	溫度 T	公認值 η
	1								
	2								
	3								
	1								
	2								
	3								

問 題

1. 試分析實驗值與公認值產生誤差的原因何在？

2. 黏滯力本質上是流體內分子間沿切線方向互相拖拉之力，試問密度較大之流
   體，其黏滯係數應較大或較小？

討 論

實 驗 ㉗

熱電電動勢實驗

目 的

研究熱電現象及應用熱電偶作為溫度計的使用方法。

方 法

兩段不同的導體接合在一起遂成為一熱電偶。將熱電偶一接點端置於某一固定的溫度，另一接點端置於各種不同溫度的水中，研究不同溫度時的電動勢變化，並據此畫出定量曲線，此定量曲線則可作為探測溫度的標準。

原 理

導體內有自由電子，當導體兩端維持有電動勢時，自由電子漂流而成為電流。除此以外，自由電子也扮演了導熱的角色。當導體兩端的溫度不同時，自由電子的密度就會不同，因而產生電位差。

當兩種不同的導體接合在一起時，便有自由電子穿過接合面而產生微小的電位差。圖 27-1 所示為兩不同導體 A、B 所構成的線路，若兩接合點的溫度相同，則電動勢處於接合平衡。然而若某一接合點加熱或冷卻時，此平衡便被破壞而有電流產生。這種現象稱為熱電效應，這種兩導體的組合稱為熱電偶，所生的電位差稱熱電電動勢。

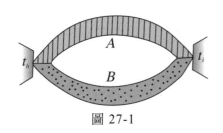

圖 27-1

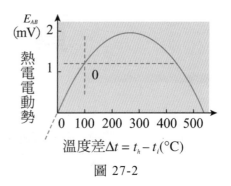

圖 27-2

　　熱電偶的熱電動勢視兩導體及兩接點端溫度差不同而不同，但是熱電電動勢與溫度差的關係如圖 27-2 所示，非常接近拋物線。不同導體的影響只在於曲度不同而已，還是拋物線的形狀，甚至與 t_i、t_h 各自的溫度無關（一般稱 t_i 是參考溫度，t_h 是測試溫度）。t_i 的溫度可影響電動勢 E_{AB} 的大小。

　　圖 27-2 是鐵－銅熱電偶的熱電電動勢與溫度差的曲線，$t_i = 0℃$ 時，最大電動勢大約在 $t_h = 270℃$ 左右，亦即 $\Delta t = 270℃$。又圖中虛線是 $t_i = 100℃$ 時座標軸的位置，0 是其原點的位置，此時電動勢與溫度差的關係曲線是一樣，但是實際電動勢卻降低很多。

　　因為熱電電動勢與溫度的關係曲線非常接近拋物線，所以使用拋物線公式來表示：

$$E_{AB} = \alpha + \beta\Delta t + \gamma(\Delta t)^2$$

　　式中 α、β、γ 是與導體種類有關之常數，亦與參考溫度 t_i 有關。為了決定 α、β、γ，只要測量三種溫度差 Δt 時的熱電電動熱即可。當 α、β、γ 決定後，畫出如圖 27-2 的曲線，此曲線可以反過來作為測量溫度的依據。

　　使用熱電偶作為溫度計的優點有：

1. 測量迅速，當熱電偶測試端一接觸到待測物時，很快有電動勢產生，而對照圖 27-2 可以知道溫度，如果使用水銀溫度計，要等一陣子，才能使水銀溫度與待測物溫度平衡。

2. 可以測量比較高溫或不容易接觸到的地方的溫度。

3. 如果使用精密的電位計測量熱電電動勢，則亦可以量得很準確的溫度。

儀 器

電位計，蒸汽鍋，加熱杯，電木蓋，熱電偶線（鐵－銅線），溫度計（50℃、1/10 刻度一支，100℃、1/1 刻度一支）。

1. 溫度計與測試端勿與加熱杯底部接觸。
2. 實驗中須時常攪拌量熱器中的水，以使其溫度均勻。

步 驟

1. 熱電偶測試端（接合端）置於加熱杯內與溫度計齊深；參考端是鐵線接於正極端（紅色端子），銅線接於負極端（黑色端子）。

2. 將電位計接上電源，打開電源開關（測試開關暫不打開），加熱約 15 分鐘，此時電位計方有較穩定及正確的量度。

3. 將蒸汽鍋接上電源加熱，當加熱杯內水溫等於電位計的溫度時，迅速打開測試開關，將電錶讀數歸零，並隨即關掉測試開關（以免電流影響溫度）。

4. 當加熱杯水溫 t_h 為 30℃ 時，首先打開測試開關，讀取 E_{AB} 值，迅速關掉，再讀取電位計上的溫度 t_i，並分別記錄之。

5. 每隔 5℃ 記錄一次，一直到卡計上的溫度無法再增加時為止。

6. 將所得的數據以溫度差 $\Delta t = t_h - t_i$ 為橫座標，熱電電動勢 E_{AB} 為縱座標，在方格紙上作圖。

7. 因限於溫度最高只能達到 100℃，所作出來的圖形趨近於一直線，故只須求得 α 與 β 值，而式(27-1)變為：

$$E_{AB} = \alpha + \beta \Delta t$$

實驗報告

實驗 27　熱電電動勢實驗

班級＿＿＿＿＿＿　組別＿＿＿＿＿＿　日期＿＿＿＿＿＿

姓名＿＿＿＿＿＿　學號＿＿＿＿＿＿　評分＿＿＿＿＿＿

記　錄

測試端 t_h℃	參考端 t_i℃	電動勢 E_{AB}	Δt $t_h - t_i$	測試端 t_h℃	參考端 t_i℃	電動勢 E_{AB}	Δt $t_h - t_i$	α	β
30				65					
35				70					
40				75					
45				80					
50				85					
55				90					
60				95					
							平均值		

問 題

1. 試說明本實驗產生誤差的原因。

2. 為什麼參考端的溫度不能保持固定溫度？有沒有辦法解決？

實 驗 ㉘

固體比熱測定實驗

目 的

用混合法精確的測量固體的比熱。

方 法

以一已知質量的固體，先在水蒸汽套中加熱，然後讓它掉入一含有已知冷水量的卡計杯中測量其溫度，由固體放出的熱量須等於水和卡計本身吸收熱量的守恆律，我們可以算出此固體的比熱來。

原 理

溫度是對物體冷熱的一個量度，而設計來測量溫度的就稱為溫度計。想使一物體溫度升高，我們必須加以熱量，所須熱量 H 的大小和物體質量 m 及所欲升高溫度 Δt 成正比，以代數式寫出為：

$$H = c \cdot m\Delta t \tag{28-1}$$

C 是個常數，稱為這種物體材料的比熱。因熱量是能量的一種形式，所以 H 的單位也正就是能量的單位，在公制中就是焦耳。不過，在習慣上，熱能量的表示常常用特別的熱能量單位，這單位就是使一單位的水升高溫度一度所須的能量，在公制中，這單位就是卡，一卡的定義就是使一克水升高攝氏一度所須的熱量。

在式(28-1)中，若 H 以卡表示，m 以克表示，Δt 以℃表示，則比熱 c 的單位就是卡／克－℃。很顯然的，比熱的大小就是把一克的該種物質升高1℃所需的卡數。

$c \cdot m$ 這個數則稱為這物體的熱容量，這數字也就是要把這物體升高溫度一度所需的熱量，換句話說，具有物體熱容量數值的水在改變溫度時所需的熱量和此物體是一樣的，因此，我們也就把物體的熱容量 $c \cdot m$ 稱為物體的水當量，當一物體由許多不同材料合成時，它的總熱容量，往往很容易從各部分的熱容量直接加在一起就行了。有一點值得向大家特別提醒，比熱是物質的性質，是個很重要的物理常數，而熱容量只是每一個不同物體所具有的特殊量。

在前面的討論中，我們假定了水在升高1℃時，不管它本身是什麼溫度，都需要同樣的熱量，也就是假定水從0℃升到1℃和同量水從50℃升到51℃需要完全一樣的量。這假設在一般情況下是相當正確，但是為了定義的精確性和將來需要更高的精確度要求，我們必須明白的定義出到底是那一段溫度當標準，目前的卡是以14.5℃到15.5℃為標準卡，而平均卡則以0℃到100℃來做平均。由於這兩種卡經很精確的度量後發現相差只有0.24%，所以我們在一般運用上實在沒有必要去區分那一種卡。在本實驗中，這種區別也都是可忽略的。不過一般的物質的比熱在不同溫度時可以改變的相當劇烈，所以當你在做比較時必須注意到這個事情。

最簡單的測比熱法是混合法，在這方法中，通常我們先把待測樣品加熱，然後讓它掉入冷水中，樣品失去的熱量等於其他（包括冷水和容器）所獲得的，如果在這相等方程式中，唯一未知的是這樣品的比熱 c_x，則此方程式當然可以用來解 c_x。

設想一卡計（含攪拌器）其質量為 m_s，比熱為 c_s，內裝 m_w 克的水，水的比熱為 c_w，溫度為 t_0，插入溫度計一支，設溫度計浸入水中部分的體積為 V，浸水部分溫度每1℃所吸收的熱量約為 $0.45V$。今有一金屬塊，質量為 m_x，比熱為 c_x，溫度為 t_1，投入卡計，使卡計系統整個溫度升到 t_2，則在金屬塊失去的熱量和卡計系統吸收的熱量必相等的條件下，得到一方程式：

$$m_x c_x (t_1 - t_2) = (m_w c_w + m_s c_s + 0.45V)(t_2 - t_0) \tag{28-2}$$

$$\therefore c_x = \frac{(m_w c_w + m_s c_s + 0.45V)(t_2 - t_0)}{m_x (t_1 - t_2)} \tag{28-3}$$

若待測金屬塊與卡計、攪拌器均為銅製，設其比熱為 c_c，則由式(28-1)得：

$$m_x c_c (t_1 - t_2) = (m_w c_w + m_s c_s + 0.45V)(t_2 - t_0)$$

$$\therefore c_c = \frac{(m_w c_w + 0.45V)(t_2 - t_0)}{m_x (t_1 - t_2) - m_s (t_2 - t_1)} \tag{28-4}$$

因為水的比熱為 1，所以由式(28-4)就可以測出銅的比熱了。公認值 c_c 為 0.0925，代入式(28-3)，則：

$$c_x = \frac{(m_w + 0.0925 m_s + 0.45V)(t_2 - t_0)}{m_x (t_1 - t_2)} \tag{28-5}$$

　以上所導出的方程式皆須在實驗系統與實驗室間無熱之傳導情況下才能成立，要符合此條件須用絕熱良好的卡計，並使水的初溫低於室溫，其溫度差與投入金屬塊後水的溫度高出室溫之差儘量相等。最初水溫低於室溫，水將自實驗室獲得微小的熱量，投入金屬塊後，水溫高於室溫，水將失去微小的熱量，此兩種熱量約可互相抵消，而使誤差減至最小。

儀　器

　底座及支架，雙層熱物器，卡計附攪拌器，蒸汽鍋，L 型溫度計（50℃，1/10 刻度），溫度計（100℃，1/1 刻度），天平，量筒，待測金屬（銅、鋁、不銹鋼）。

1. 當金屬塊由雙層熱物器內投入卡計時，務須迅速以免遺失熱量，並注意勿使水濺出。
2. 本實驗所用冷水之質量 m 不可與待測物質量 M 相差過大。若過大則 $t_2 - t_0$ 與 $t_1 - t_2$ 之誤差影響實驗結果頗大，因此普通測銅或鐵時，M 應等於 m，鉛應 $M = 2m$，鋁應 $2M = m$，同時避免熱之傳散。

步 驟

一、銅之比熱

1. 量取銅塊之質量 m_x。

2. 量取卡計內盛水銅杯與攪拌器之質量 m_s。

3. 以量筒取適當的水，倒入銅杯內，由倒入水的體積可得水的質量 m_w。

4. 設法記取溫度計沒入水中部分，放入量筒，量得其沒入水中的體積為 V。

5. 讀取卡計內水的溫度 t_0。

6. 以細線繫銅塊，將其垂入雙層熱物器內，並裝置儀器。

7. 利用蒸汽鍋所產生的熱蒸汽在雙層熱物器內將銅塊溫度昇高，一直到溫度計讀數超過 90℃ 且穩定時，記錄其溫度為 t_1。

8. 打開雙層熱物器底部的金屬片，並扭鬆上面的橡皮塞，使銅塊掉入卡計中。

9. 緩慢攪動攪拌器，並注意卡記上的溫度計讀數，直到溫度穩定，記錄此時的溫度為 t_2。

10. 代入式(28-4)求出銅之比熱。

11. 將卡記、攪拌器、銅塊拭乾重複上述步驟二次，再取其平均值。

二、鋁、不銹鋼之比熱

12. 順序取鋁塊、不銹鋼塊重複上述實驗，唯必須代入式(28-5)求得其比熱。

附 表

● 表 28-1　固體之比熱(cal/g℃)(20℃)

物 質	金	銀	銅	鋼	鋁	鉛
比 熱	0.0309	0.0560	0.0925	0.11~0.13	0.219	0.0304

實驗報告

實驗 28　固體比熱測定實驗

班級＿＿＿＿＿＿　　組別＿＿＿＿＿＿　　日期＿＿＿＿＿＿

姓名＿＿＿＿＿＿　　學號＿＿＿＿＿＿　　評分＿＿＿＿＿＿

記　錄

一、銅之比熱

次　數	物重 m_x	卡計系統重 m_s	水重 m_w	溫度計體積 V	水之低溫 t_0	物之高溫 t_1	中和溫度 t_2	比熱 c_x
1								
2								
3								
							平均值	

二、鋁之比熱

次　　數	物重 m_x	卡計系統重 m_s	水重 m_w	溫度計體積 V	水之低溫 t_0	物之高溫 t_1	中和溫度 t_2	比熱 c_x
1								
2								
3								
							平均值	

三、不銹鋼之比熱

次　　數	物重 m_x	卡計系統重 m_s	水重 m_w	溫度計體積 V	水之低溫 t_0	物之高溫 t_1	中和溫度 t_2	比熱 c_x
1								
2								
3								
							平均值	

問　題

1. 試就實驗所得之各種金屬比熱與附錄表內之公認值比較，並算出其誤差。

2. 試說明本實驗產生誤差之原因。

實 驗 ㉙

熱功當量實驗

目 的

瞭解電能變為熱能的原理，並求取熱功當量。

方 法

將通電的電熱器置於盛水的卡計中，則由通過的電流、電熱絲電阻及通電時間可以知道電熱絲所消耗的總電能（單位是焦耳），再從卡計系統溫度的上升度計算所獲得的熱能（單位是卡），兩者能量之比即為熱功當量。

原 理

熱力學第一定律其實是一個能量守恆定律，它敘述為克服摩擦所消耗的功 W 應等於因此產生的熱能 H，由於單位的不同，兩者之間有一定的比值，即：

$$W = JH \qquad\qquad (29\text{-}1)$$

比例常數 J 稱為熱功當量，顯然地，此比值的大小與採用的單位有關，但與測量情況無關。換句話說，測量熱功當量是熱力學第一定律的一種鑑定。

當電阻 R 歐姆在 V 伏特的電壓下通過 I 安培的電流，t 秒後消耗在電阻的總電能是 W 焦耳：

$$W = I^2 Rt = VIt \qquad\qquad (29\text{-}2)$$

其次考慮熱能增加情形，設卡計的水當量為 C 克，水的質量為 M 克，溫度在 t 秒內由 T_0 升到 T_A，則卡計系統所吸引的熱量為：$H = [(C+M)c](T_A - T_0)$，因水的比熱 $c = 1$ 卡／克℃，故：

$$H = (C+M)(T_A - T_0) \tag{29-3}$$

將式(29-2)、式(29-3)代入式(29-1)，則：

$$VIT = J(C+M)(T_A - T_0) \tag{29-4}$$

$$J = \frac{VIt}{(C+M)(T_A - T_0')} \tag{29-5}$$

設卡計為銅製、質量為 m_s，溫度計插入水中的體積為 V，則：

$$C = 0.0925\, m_s + 0.45 V \tag{29-6}$$

在實際的實驗中，不能避免地，當卡計的溫度比周圍溫度高時會因輻射而損失一部分能量，所以真正應該得到的溫度比測量的溫度稍高，我們可以利用牛頓冷卻原理來加以修正。圖 29-1 指示物體從最初的溫度 T_0 均勻的被加熱到 T_A，停止供應電流後，由於輻射而冷卻下來，當然在 OA 的期間輻射仍然存在。

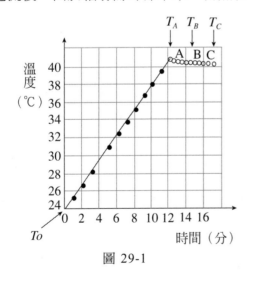

圖 29-1

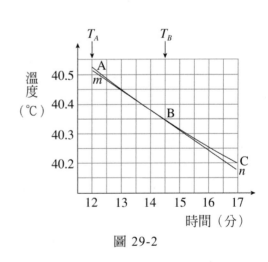

圖 29-2

在冷卻的過程中我們可以計算出任意點 B 點的冷卻率 γ_B，即 B 點的切線斜率（如圖 29-2）。從牛頓冷卻原理知冷卻率與溫度差成正比，所以在 A 點的冷卻率 γ_A：

$$\gamma_A = \gamma_B \frac{T_A - T_0}{T_B - T_0} \tag{29-7}$$

那從 T_0 到 T_A 的平均冷卻率為：

$$\gamma = \frac{1}{2}\gamma_A = \frac{1}{2}\gamma_B \frac{T_A - T_0}{T_B - T_0} \tag{29-8}$$

所以在沒有輻射能的損失下，溫度上升應為：

$$T_F - T_0 = (T_A - T_0) + \gamma(T_A - T_0) \tag{29-9}$$

所以實際上的總熱量為：

$$H = (C + M)(T_F - T_0) \tag{29-10}$$

$$\therefore J = \frac{VIt}{(C + M)(T_F - T_0)} \tag{29-11}$$

儀　器

卡計、電熱器、直流電源供應器、伏特計、安培計、計時器、溫度計、天平、量筒。

若電流與電壓不能穩定，必須取其平均值。

步　驟

1. 量取卡計盛水銅杯與攪拌器的質量 m_s。

2. 以量筒取適量的水，倒入銅杯內，由倒入水的體積可得水的質量 M。

3. 設法記取溫度計沒入水中部分，放入量筒，量得其沒入水中的體積為 V。

4. 線路圖之接法如圖 29-3 所示。

5. 將電熱絲完全浸入水中，讓電源輸出 1.5 安培的電流並記錄此時的電壓（電流、電壓是任意，但加熱時不能改變它。）

6. 每 2 分鐘記錄一次溫度，直到 40℃左右，然後將電源關掉，讓它由輻射降溫，每一分鐘記錄一次溫度。如圖 29-2 所示，從降溫的速率求得輻射損失以修正溫度差。然後代入式(29-11)求得熱功當量。

7. 重複以上之步驟，重作一次。

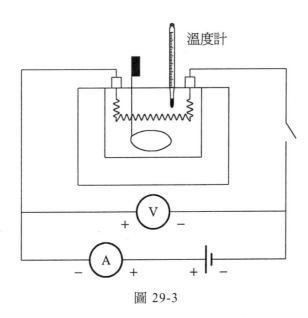

圖 29-3

實·驗·報·告

實驗 29 熱功當量實驗

班級＿＿＿＿＿＿　　組別＿＿＿＿＿＿　　日期＿＿＿＿＿＿

姓名＿＿＿＿＿＿　　學號＿＿＿＿＿＿　　評分＿＿＿＿＿＿

記　錄

一、加溫過程

溫度 T											
時間 t											

溫度 T											
時間 t											

二、輻射過程

溫度 T											
時間 t											

溫度 T											
時間 t											

三、平均冷卻率（作圖）

$\gamma_B =$	
$\gamma_A =$	
$\gamma =$	
$T_F =$	

四、熱功當量

卡計重 m_s	溫度計 體積 V	卡計系統 水當量 C	水重 M	初溫 T_0	修正後 終溫 T_F	電壓 V	電流 I	時間 t	熱功當量 J

問 題

1. 試比較熱功當量實驗值與公認值的誤差。並略述可能影響因素。

2. 在此實驗中周圍環境的溫度保持一定嗎？試解釋之。

3. 何謂水當量？何謂熱功當量？

實 驗 ㉚

線膨脹係數測定實驗

測量金屬棒的線膨脹係數。

方 法

當金屬棒的溫度增高時,長度會增加,我們用球徑計量得此增加量,並從溫度的變化量和金屬棒未加溫時的長度,就可以計算出線膨脹係數了。

原 理

大部分的固體,當溫度增高時,其長度也會隨之增長,其增加量與 0℃時的長度和溫度皆成正比。即:

$$L - L_0 = L_0 \alpha T \tag{30-1}$$
$$L = L_0(1 + \alpha T) \tag{30-2}$$

其中 L_0 為 0℃時之長度,L 為溫度 T 度時之長度,α 為一比例常數,稱為「線膨脹係數」。

若 L_1、L_2 分別為在溫度 T_1 及 T_2 時之長度,則由式(30-2)得:

$$L_1 = L_0(1 + \alpha T_1) \tag{30-3}$$
$$L_2 = L_0(1 + \alpha T_2) \tag{30-4}$$

$$\frac{L_1}{L_2} = \frac{1 + \alpha T_1}{1 + \alpha T_2}$$ (30-5)

$$\therefore \alpha = \frac{L_2 - L_1}{L_1 T_2 - L_2 T_1}$$

因 L_2 與 L_1 相差極微，故 $L_2 \cong L_1$，故：

$$\alpha = \frac{\Delta L}{L_1 \Delta T}$$ (30-6)

其中 ΔL 表 $L_2 - L_1$，ΔT 表 $T_2 - T_1$。

因此線膨脹係數的定義是溫度每升高 1℃，固體每單位長度的伸長量。若不僅考慮長度的增加而是整個體積的膨脹，則由式(30-2)可得到：

$$V = V_0(1 + \beta T)$$ (30-7)

其中 V_0 為 0℃ 時之體積，V 為 T 度時之體積，β 稱體膨脹係數。

若物體是個每邊為 L 的立方體，則在 T℃ 時體積應為：

$$V = L^3 = L_0^3(1 + \alpha T)^3 = L_0^3(1 + 3\alpha T + 3\alpha^2 T^2 + \alpha^3 T^3)$$

由於 α 是個很小的數，所以含有 α^2、α^3 的項都可以忽略掉，即：

$$V = L_0^3(1 + 3\alpha T)$$ (30-8)
$$V = V_0(1 + 3\alpha T)$$ (30-9)

將式(30-7)與式(30-9)比較，則知體膨脹係數恰是線膨脹係數的三倍，即 $\beta = 3\alpha$。雖然上面的結論是從一個立方體出發，但是任何一個物體的體積都可以分成很多個小正方體，所以對任何固體來說，這個結論是正確的。

儀　器

線膨脹儀（底座、蒸汽護管、球徑計、燈泡）、蒸汽鍋、乾電池、溫度計、米尺、連接線、待測物（銅棒、鋁棒、不銹鋼棒）。

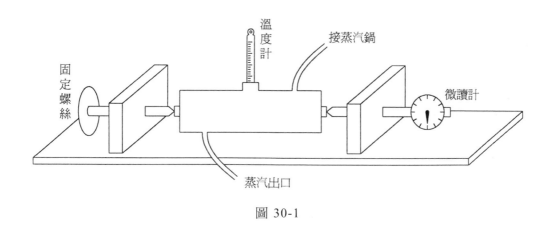

圖 30-1

1. 在接入蒸汽之前，須先將球徑計旋轉後退而與金屬棒分開一段間隔。

2. 旋轉球徑計時，用力務須輕徐。

3. 通入蒸汽後，須待溫度計之讀數穩定後再視察其讀數。

4. 在蒸汽出口必須以容器盛接，並注意勿使燙傷。

步　驟

1. 儀器裝置如圖 30-1 所示。首先記錄室溫 T_1，並測量金屬棒長度 L。

2. 將待測金屬棒放入蒸汽護管中，慢慢旋轉球徑計直到兩者確實微微接觸為止，此時燈泡會亮，但球徑計不要旋轉太緊，記錄此時球徑計讀數。然後旋鬆球徑計再重複此步驟。共得五次數據並平均之。

3. 蒸汽鍋加熱後，蒸汽進入膨脹儀，直到溫度不再上升時，記錄溫度 T_2。

4. 旋轉球徑計直到燈泡亮，記錄此時讀數，共連續測得五次數據且平均之。

5. 使用式(30-6)即可求得金屬棒之線膨脹係數。

6. 取另一支金屬棒，重複上述步驟。

附 表

● 表 30-1　金屬的線膨脹係數（$\alpha \times 10^{-6}$）

物　質	金	銀	銅	鋼	鋁	鉛
線膨脹係數	14.70	18.90	16.66	11.40	22.20	27.09

實·驗·報·告

實驗 30　線膨脹係數測定實驗

班級＿＿＿＿＿＿　組別＿＿＿＿＿＿　日期＿＿＿＿＿＿

姓名＿＿＿＿＿＿　學號＿＿＿＿＿＿　評分＿＿＿＿＿＿

記　錄

一、銅棒

次數	球徑計加熱前讀數	球徑計加熱後讀數
1		
2		
3		
4		
5		
平均		

T_1	T_2	ΔT	L	ΔL	α

二、鋁棒

次數	球徑計加熱前讀數	球徑計加熱後讀數
1		
2		
3		
4		
5		
平均		

T_1	T_2	ΔT	L	ΔL	α

三、不銹鋼棒

次數	球徑計加熱前讀數	球徑計加熱後讀數
1		
2		
3		
4		
5		
平均		

T_1	T_2	ΔT	L	ΔL	α

問 題

1. 試比較實驗中各待測物實驗值與公認值的誤差。

2. 在此實驗中，出現誤差的原因何在？

討 論

實　驗 ㉛

波義耳－查理定律實驗

目　的

1. 波義耳定律：測定固定質量的氣體在定溫時壓力和體積的關係。
2. 查理定律：測定一定體積的氣體，壓力與溫度的關係。

方　法

　　兩支玻璃管用一橡皮管相通，並且可以上下移動。玻璃管一支是開口與大氣相通，另一支是密閉且有一球莖以容納較多氣體。方便改變溫度，橡皮管中裝有水銀以測量兩端管中空氣之壓力差。移動開口端之玻璃管使另管之水銀高度改變，即改變氣體體積，壓力差也由兩邊水銀高度差得到。如要固定體積，方法相同，改變球莖之溫度，移動開口邊玻璃管，使水銀高度恢復，則體積一定，得溫度與壓力的關係。

原　理

一、波義耳定律

　　波義耳定律是敘述一定質量的密閉氣體，若溫度保持一定，則其體積與其所受之壓力成反比，以數學式表示為：

$$PV=K \tag{31-1}$$

其中 K 為常數，其值視所給予之條件而定。由式(31-1)可知壓力與體積之關係圖為雙曲線。實際壓力 P 為大氣壓力 P_0 與所加壓力 p 之和，所加壓力可為正或負，視實際壓力大於或小於大氣壓力而定。則式(31-1)可改寫為：

$$(P_0 + p)V = K \tag{31-2}$$

$$p = \frac{K}{V} - P_0 \tag{31-3}$$

其中 P_0 與 K 均為常數。若以縱軸表所加壓力 p，橫軸表體積的倒數 $1/V$，則可得一直線。將此線延長與 p 軸之交點，即為實驗時大氣壓力的負值，這可由式(31-3)中令 $1/v = 0$ 而得到：

$$p = -P_0 \tag{31-4}$$

二、查理定律

定量氣體被密閉於一定體積的容器內，氣體溫度改變時，則其壓力亦改變；若壓力保持不變，氣體溫度改變時，則其體積必然隨著改變，此即所謂的查理定律。

道爾頓發現在定容下，氣體壓力與氣體溫度成正比，其數學式為：

$$P_t = P_0(1 + \beta_v t) \tag{31-5}$$

其中 P_0 為 0°C 時之氣體壓力，P_t 為 t°C 時之氣體壓力，β_v 為定容壓力變化係數。

$$\beta_v = \frac{P_t - P_0}{P_0 t} \tag{31-6}$$

一般氣體 β_v 的實際值約為 $1/273$°C^{-1}，此即表示，若改變氣體溫度從 0°C 至零下 273°C，則其壓力減為零，我們稱此時之溫度為絕對溫度，此訂出凱氏溫標 K：

$$-273°C = 0°K$$
$$\therefore T°K = 273°C + t°C \tag{31-7}$$

式(31-7)代入式(31-5)，則：

$$P_t = P_0(1+\frac{t}{273}) = P_0(\frac{t+273}{273}) = \frac{P_0}{273}T = CT \tag{31-8}$$

其中 $C=\dfrac{P_0}{273}$ 為一常數。

由式(31-8)我們可知定容下氣體之壓力與絕對溫度成正比。

儀　器

　　波查定律裝置（底座、背板、米尺、乾管、閉管、開管、橡皮管）、水銀、蒸汽鍋、升降台、溫度計、水銀氣壓計。

步　驟

一、波義耳定律

1. 調整水銀氣壓計，讀取大氣壓力 P_0。

2. 在閉管一端裝有開關及乾管，首先將開關打開，移動開管調整閉管內空氣之容量，使其體積約為管長之半，且使開管與閉管的水銀柱等高後，關閉開關。

3. 將開管往下移動，使閉管水銀柱上升至開關不遠處，記錄此時閉管、開管的水銀柱高度 h_1、h_2，兩者之差即為所加壓力 p，同時由閉管上的刻度，記下其內空氣所佔之體積 V。

4. 逐漸把開管上移，每次移動約 3 公分，直到開管水銀柱達到最高位置為止。

5. 以 p 為橫座標，V 為縱座標作圖。

6. 以 p 為橫座標，$1/V$ 為縱座標作圖，求出 P_0 點。

二、查理定律

1. 調整水銀氣壓計，讀取大氣壓力 P_0。

2. 將閉管與乾管相通而與大氣隔絕，並將乾管完全置於盛放純水的蒸汽鍋中，移動開管與閉管的水銀柱等高並記錄其刻度 h_1 及溫度 t。

3. 在蒸汽鍋加熱過程中，每升高 $10°C$，則調整開管使閉管的水銀柱保持在 h_1 刻度處，並記錄此時開管所在的刻度 h_2 及溫度，直到沸騰為止。

4. 利用式(31-8)可得大氣壓力 P_0，式(31-6)可得壓力係數 β_v。並作 $P\text{-}T$ 圖。

實·驗·報·告

實驗 31 波義耳－查理定律實驗

班級＿＿＿＿＿＿　　組別＿＿＿＿＿＿　　日期＿＿＿＿＿＿

姓名＿＿＿＿＿＿　　學號＿＿＿＿＿＿　　評分＿＿＿＿＿＿

記　錄

一、波義耳定律（附方格紙作 P-V 圖和 P-1/V 圖）

次數	閉管刻度 h_1	開管刻度 h_2	所加壓力 $p = h_2 - h_1$	實際壓力 P	氣體體積 V	體積倒數 $1/V$	PV
大氣壓力 $P_0 =$							
1							
2							
3							
4							
5							
6							
7							
8							
9							
10							
						平均值	

二、查理定律（附方格紙作 P-T 圖）

大氣壓力 $P_0 =$					閉管刻度 $h_1 =$		
次數	攝氏溫度 t	絕對溫度 T	開管刻度 h_2	所加壓力 $p = h_2 - h_1$	實際壓力 P	大氣壓力 P_0	壓力係數 β_V
1							
2							
3							
4							
5							
6							
7							
8							
9							
10							
						平均值	

問 題

1. 比較大氣壓力 P_0 實驗值與觀察值的誤差。

2. 波義耳定律成立的條件為何？

實 驗 ㉜

電力線分佈實驗

目 的

畫出電場的等位線,並依此決定電力線。

方 法

將一個碳質畫板與串聯電阻組並聯後接上電源,則在不同的電阻下移動的探針可在畫板上找到一系列的等位線,並可依此決定電力線。

原 理

兩電荷間之吸引力或排斥力的大小,首先由庫侖在 1784 年發現。他從實驗得知,力之大小與距離的平方成反比而與其帶電量之乘積成正比,且與電荷間的介質特性有關,即:

$$F = k\frac{qq'}{r^2} = \frac{1}{4\pi \in_0} \cdot \frac{qq'}{r^2}$$

其中 q、q' 表各自的電荷量,其單位為庫侖(C),r 代表距離,單位為公尺,而 k 為一常數,$k = 9 \times 10^9 \, \text{N} \cdot \text{m}^2 / \text{C}^2$;$\in_0 = 8.85 \times 10^{-12} \, \text{C}^2 / \text{N} \cdot \text{m}^2$,稱為「真空中的電容率」。

從庫侖定律來看,兩電荷間的力似乎是直接而超距離的,即不必接觸,在一段距離外能迅速地互相作用。事實上,我們應採取下述的觀念:一帶電體的鄰近空間會形成一作用力區域,稱為「電場」,當另一個帶電體 q 到達電場時,即與電場強度 $E = F/q$,假使 q 是正電荷,電場強度的方向即作用力的方向。

　　為了方便看出電場的強度和方向，法拉第引入了電力線的觀念。一個自由電荷在電場中運動的路徑即為電力線。電場的方向即為電力線在該處的切線方向。通常以電力線的數目來表示該處之電場強度。均勻的電場以平行的電力線來表示。會聚之電力線表示逐漸加強之電場；發散之電力線表示逐漸減弱之電場。

　　當電荷處於電場中將受到力的作用，所以要移動電荷從電場的一點到另一點需要作功，此功是與移動的路徑無關的，只是此兩點位置的函數。所以可以定義兩點間的電位差為：

$$V = W/q$$

　　其中 V 表電位差，W 為 q 電荷從一點到另一點移動所需之功。為了方便，我們也定義小電荷 q 從無窮遠到某一點所需作之功除以 q 即為此點的電位。換句話說，就是把無窮地方的點當作電位是零。

　　在電場中可以找到很多點，它們的電位都相同。連接這些點而成的線或面，稱為「等位線」或「等位面」。依照電位差的定義可知電荷在等位線或等位面上移動，必不作功。

　　因為電荷在等位面上移動不需作功，所以電荷將沒有受到沿等位面方向的力，是故，電力線無論在任何處必與等位面垂直。依此，只要能畫出等位線或等位面即可畫出電力線來。而等位線或等位面是較易獲得的。

　　電子在導體中是可以自由運動的，所以當電導體放於電場中，電子就會流動而構成電流，一直到導體內每一點的電位都相同，就停止電子的流動，除非電源供應器一直供應電動勢，才能保持電流的繼續不斷。

　　如圖 32-1 所示，置有一對電極的碳質畫板與一組串聯電阻組並聯後接上直流電源，則在畫板上產生電場。等電位點是由串聯檢流計的探針測出，如圖中所有的 C' 點之電位均與 C 點同，連接所有 C' 點即成等位線。改變電阻即可獲得另一條等位線，如此類推，描出電場中的許多等位線，進而可繪出電力線。

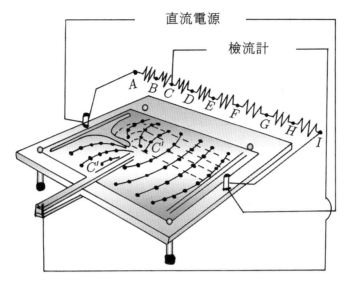

圖 32-1

儀 器

　　電力線分佈實驗裝置（直流電源供應器、檢流計、串聯電阻組），電極碳質畫板六種，探針、連接線、方格紙。

 探針在碳質畫板上移動，切勿用力，以免損壞畫板。

步 驟

1. 選取一電極畫板，小心放置在實驗裝置上，有電極之面應朝下。

2. 連接線路如圖 32-1 所示，即兩電極及串聯電阻組並聯後與電源相接。檢流計一端接至串聯電阻的某一固定點上（先從 B 點開始），另一端接至探針。

3. 打開檢流計，先置於粗調位置。移動探針，當檢流計之讀數在零點左右一小格時，將調整器調到細調位置，再移動探針至檢流計之讀數為零點，此時探針所指之點即與串聯阻上之固定點等電位。在方格紙上同一位置描出此點。

4. 繼續移動探針，找到其他等電位，並一一描下，約畫 10 小點後，以平滑曲線連接，則成一等位線。

5. 將接於串聯電阻組上之端移至另一新位置（依序為 C、D、E、F、G、H），重複前面步驟，分別畫出其等位線。

6. 在方格紙上以虛線繪出電力線。

7. 選取其他電極畫板，重複此實驗。

實·驗·報·告

實驗 32　電力線分佈實驗

班級＿＿＿＿＿＿　組別＿＿＿＿＿＿　日期＿＿＿＿＿＿

姓名＿＿＿＿＿＿　學號＿＿＿＿＿＿　評分＿＿＿＿＿＿

記　錄

繪圖：請將此頁置於碳質畫板上方，將電力線繪製於圖上。

討 論

實 驗 ㉝

電阻定律實驗

目 的

學習使用滑線電橋測量各種金屬導線的電阻,並因而獲知其與長度、截面積及材料的關係。

方 法

滑線電橋可以用來測量一已知長度和線徑的金屬線電阻,再測得相同線徑而不同長度的金屬線的電阻,及相同長度但不同線徑的電阻,這樣電阻和導線長度與截面積的關係就可以推論出來。另外,我們也可以測量相同長度,相同線徑的其他金屬線,如此可得知不同材料的電阻係數。

原 理

一導線電阻 R 的大小與材料、長度 L、截面積 A 有關,綜合這些因素可以歸納為:

$$R = \rho \frac{L}{A} \tag{33-1}$$

其中 ρ 稱為電阻係數。

惠斯登電橋可分為箱型電橋和滑線電橋兩種,其構造原理如圖 33-1 所示。這種裝置之所以稱之為橋乃是在 MAN 與 MBN 兩平行通路中架了一個靈敏檢流計的

線路橋,當接通電鍵,電阻作適當調整後,可使檢流計沒有偏轉,這時稱之為橋平衡。在電橋平衡時,檢流計顯示沒有電流通過即表示 A 點與 B 點同電位,故:

$$I_1 = I_2 , I_3 = I_4$$

$$V_{MA} = M_{MB}$$

即 $$I_1 R_1 = I_3 R_3 \tag{33-2}$$

$$V_{NA} = V_{NB}$$

即 $$I_1 R_2 = I_4 R_4 \tag{33-3}$$

$$\frac{(33\text{-}2)}{(33\text{-}3)} \quad \frac{R_1}{R_2} = \frac{R_3}{R_4} \tag{33-4}$$

故已知三個電阻,則另一個電阻即可求出。

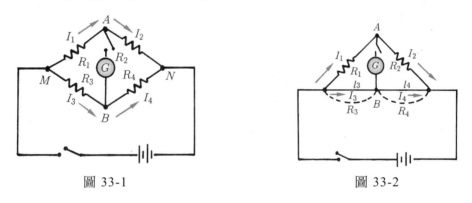

圖 33-1　　　　　　　　　　圖 33-2

滑線電橋的構造係應用惠斯登電橋的原理,將電路中的 R_3 與 R_4 用一電阻線取代,再利用一可移動的接觸端把電阻線分成兩段而構成,其電路如圖 33-2 所示,若此電阻線為均勻,則由式(33-1)知:

$$\frac{R_3}{R_4} = \frac{l_3}{l_4} \tag{33-5}$$

其中 l_3、l_4 表電阻線被分割成 R_3、R_4 的長度。將式(33-5)代入式(33-4)得:

$$\frac{R_1}{R_2} = \frac{l_3}{l_4} \tag{33-6}$$

若已知 R_2、l_3、l_4,則 R_1 可求得。

儀 器

　　滑線電橋（底板、電阻線、米尺），探針，十進電阻箱，直流電源，檢流計，連接線，待測電阻線五組。

步 驟

1. 連接線路如圖 33-3 所示，R_1 接待測電阻線，R_2 接十進電阻箱。

2. 先將從檢流計 G 接出來的探針 B 置於滑線電橋中點處，調整十進電阻箱 R_2，直到 G 表的指針略近於零，再移動探針 B，使檢流計指針確實為零，記錄電阻 R_2 及探針位置 l_3、l_4，代入式(33-6)即可求得 R_1 值。

3. 將 R_1 與 R_2 位置對調，如同步驟 2 再得另一 R_1 值，並與步驟 2 所得之電阻值平均。（注意公式(33-6)之關係）。

4. 如法測得第 2、第 3、第 4 及第 5 個電阻。

5. 比較所得的各個電阻，並求得電阻係數 ρ。

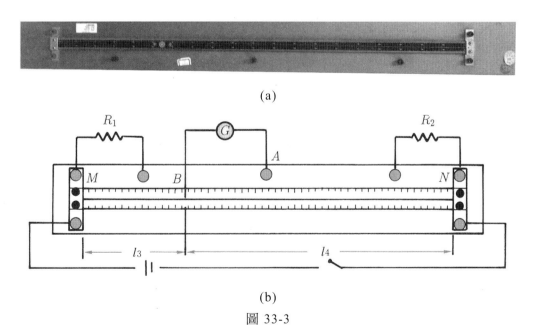

(a)

(b)

圖 33-3

附 表

● 表 33-1　待測電阻線

編　　號	No.1	No.2	No.3	No.4	No.5
材料、成分	Fe-Cr 80% 20%	Fe-Cr 80% 20%	Cu-Ni 54% 46%	Fe-Cr 80% 20%	Fe-Cr 80% 20%
直徑(mm)	0.18	0.35	0.18	0.18	0.35
長度(m)	5	5	5	10	10

實·驗·報·告

實驗 33　電阻定律實驗

班級＿＿＿＿＿＿　組別＿＿＿＿＿＿　日期＿＿＿＿＿＿

姓名＿＿＿＿＿＿　學號＿＿＿＿＿＿　評分＿＿＿＿＿＿

記　錄

電阻編號	次數	十進電阻箱 R_2	l_3	l_4	待測電阻 R_1	平均值 R_1	電阻係數 ρ
No.1	1						
	2						
No.2	1						
	2						
No.3	1						
	2						
No.4	1						
	2						
No.5	1						
	2						

問 題

1. 實驗時為什麼先將探針放置在滑線電橋中間？

討 論

實 驗 ㉞

歐姆定律實驗（數位化實驗）

目 的

本實驗的目的在於研究不同材料的電流和電壓之間的相關情形。

原 理

依據電荷在物質中移動的狀況，可將物質分為導體、非導體與半導體三類，導體一般以金屬類為主，非導體或稱為絕緣體一般以非金屬類為主，而最近非常熱門的半導體其導電性質介於導體與非導體之間，且其導電的狀況要視溫度與其組成成分有關。

歐姆發現當加在一個固定電阻兩端的電壓（電勢差）改變時，通過其上的電流也隨之改變。歐姆把這個現象表示為 I＝V/R（電流與電壓成正比，與電阻成反比）。當電壓升高時，電流也相對升高，也就是電壓與電流成正比關係。這個比例常數就是電阻，電流與電阻成反比，當電阻升高時，電流降低。符合這種歐姆定律的金屬材料一般稱為線性導體，而不符合歐姆定律的金屬導體稱為非線性導體。

歐姆定律　　V=IR　　I=V/R　　R=V/I

如果加在一個歐姆電阻上的電壓升高，電壓—電流的圖表將顯示為一條直線（表示一個恆定的電阻）。

儀 器

科學工作室 750 介面、DataStudio 軟體、電壓感應器、槍型線(2)、3 volt 燈泡、10 歐姆電阻、10 英寸引線(2)。

步 驟

一、10 歐姆電阻

在這一部分實驗中，利用科學工作室 750 介面提供電壓給 AC/DC 電子實驗室線路板上的 10 歐姆電阻。科學工作室 750 介面同時也將測量電阻的電壓，以及科學工作室 750 介面流出的電流。DataStudio 軟體將收集並顯示電壓和電流值。你可以用電壓—電流曲線來確定電阻值。

（一）基本安裝與設定

使用前請先參閱 750 介面以及 DataStudio 軟體操作手冊！

1. 利用 USB 連接線將 750 介面與電腦連接（圖 34-1），開啟 750 介面的電源。

2. 將一個 10 歐姆電阻器放入最靠近 AC/DC 電子學實驗室線路板右下角的香蕉插孔的那對組合式彈簧中，如圖 34-2。

3. 將香蕉插頭接插線從 750 介面的訊號輸出端連接到 AC/DC 電子學實驗室線路板上的香蕉插孔中，如圖 34-2。

4. 將電壓感應器的 PIN 插頭插入 750 介面的 Analog Channel A，再將另一端的紅黑鱷魚夾夾在將要量測的電阻旁，如圖 34-2。

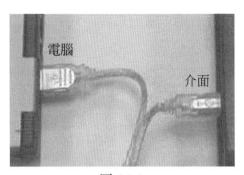

圖 34-1

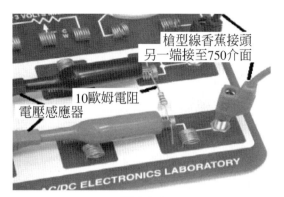

圖 34-2

5. 在電腦上開啟科學工作室 DataStudio 軟體，點選「建立實驗」，會出現「實驗設定」的新視窗。在「感應器」欄內選擇電壓感應器，拖曳至螢幕上 750 介面的 Analog Channel A，此時在最左邊的「數據」欄會出現「電壓感應器」的圖示，如圖 34-3。

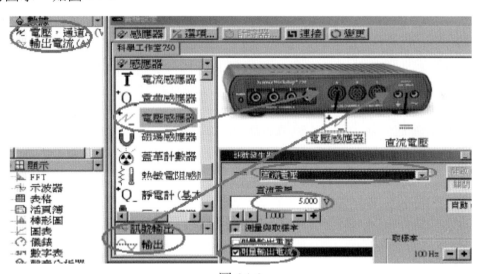

圖 34-3

6. 快速點選二次「實驗設定」視窗內的電壓感應器圖示，會開啟一個「感應器內容」新視窗，將取樣率改成 200：即取樣速率每秒鐘 200 個數據，按下確定。

7. 在「訊號輸出」欄選擇內選擇「輸出」，拖曳至螢幕上 750 介面右邊的輸出端，此時會跳出一個「訊號發生器」的新視窗，在視窗內選擇直流電，電壓則設定在 5 伏特。再點選視窗內的「量測與取樣率」，會出現下拉式選單，勾選「量

測輸出電流」。此時在最左邊的「數據」欄會出現「輸出電流」的圖示，如圖
34-3。

8. 在螢幕左下方的「顯示欄」內，點選這
次實驗所需的顯示模式，如數字表，
並拖曳至上方「資料欄」的電壓感應器
圖示上，會出現一個數字表的新視窗。
用同樣方式，再點選一次數字表，拖曳
至資料欄內的輸出電壓圖示上，也會出
現另一個新數字表視窗。

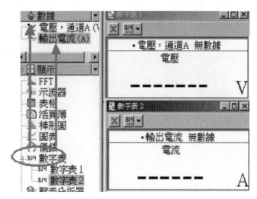

圖 34-4

（二）數據讀取及記錄

1. 按下視窗上的「啟動」鈕，此時會開始記錄數據，而且啟動二字會變成「停
止」（停止鈕）。

2. 觀察並記錄數字表內電壓值以及電流值。

3. 重複上一段基本安裝與設定第 7 步驟所述，改變電壓值為 4、3、2、1 伏特。
按下啟動鈕之後。觀察及記錄數字表內的電壓值以及電流值。

（三）分析資料

1. 重新開啟 DataStudio，並在起始畫面選擇「輸入數據」。

2. 將得到的電壓值當作 X 值及電流值當作 Y 值輸入表格內，得到的斜率就是電
阻值。

（四）選做

1. 用 100 歐姆電阻器替換 10 歐姆電阻器。

2. 重複這個實驗並記錄新的斜率值。

實驗報告

實驗 34　歐姆定律實驗
（數位化實驗）

班級＿＿＿＿＿＿　組別＿＿＿＿＿＿　日期＿＿＿＿＿＿

姓名＿＿＿＿＿＿　學號＿＿＿＿＿＿　評分＿＿＿＿＿＿

記　錄

1. 第一個電阻

	電壓值	電流值	電壓／電流
1			
2			
3			
4			
5			

2. 第二個電阻

	電壓值	電流值	電壓／電流
1			
2			
3			
4			
5			

3. 繪圖：請根據上面表格繪製電壓（縱軸）對電流（橫軸）之關係圖，並說明斜率所代表的意義。

問 題

1. 本實驗中，由量測值求得的電阻值與實際電阻值的誤差百分比為何？

2. 量度電位差與電流常與計算值均有誤差，原因為何？

實 驗 ㉟

電位測定實驗

目 的

瞭解滑線電位計的構造原理，並測定電池的電動勢。

方 法

將一長而均勻的高電阻線與直流電源連接後，又與一標準電池構成一分路。於是在沒有電流流過分路的情況下就可決定電阻線每單位長度的電位降，並可用此測量待測電池的電動勢了。

原 理

凡電池皆具有內電阻，因此一電池的電動勢往往不等於它的端電壓，其相互關係為：

$$E = V \pm Ir$$

其中 E 代表電動勢，V 表端電壓，r 表電池內電阻，I 表電流。充電時取負號，放電時為正號。所以電池之電動勢就是沒有電流流過時的端電壓，也就是電池成開路時的端電壓。

若以伏特計直接測量電池之開路電壓，則因有微量電流流過伏特計，因此所得的電壓值是測定時之端電壓，而非電池之電動勢。

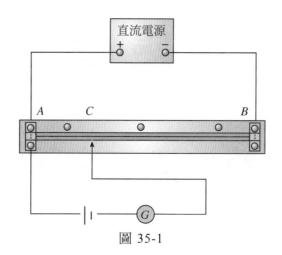

圖 35-1

最簡單的電位計如圖 35-1 所示，它僅包含一均勻的高電阻線 AB，由直流電源供應一穩定電流，待測電池 E_x 與檢流計串聯後，一端與 A 點相接，另一端 C 點則可在電阻線 AB 間滑動。而直流電源與電池的正極與正極相接，負極與負極相接。

在 AB 間移動 C 點，使檢流計指針剛好不生偏轉，則此時 AC 長為 L_x，其電位差 IR_x 剛好等於待測電池的電動勢 E_x，即：

$$E_x = IR_x \tag{35-1}$$

若電池 E_x 被換成已知電動勢的標準電池 E_s，則可找出另一 C 點，使 $AC = L_s$，而使兩端的電位差恰等於電動勢 E_s，即：

$$E_s = IR_s \tag{35-2}$$

由式(35-1)、式(35-2)得：

$$\frac{E_x}{E_s} = \frac{R_x}{R_s} \tag{35-3}$$

又因同一導線電阻的大小正比於其長短，故：

$$\frac{R_x}{R_s} = \frac{L_x}{L_s} \tag{35-4}$$

所以待測電池的電動勢為：

$$E_x = E_s \frac{L_x}{L_s}$$ (35-5)

儀　器

滑線電橋（底板、電阻線、米尺），直流電源，標準電池，待測電池，連接線，探針。

 標準電池電動勢一般為 1.01859 伏特或 1.01860 伏特。

步　驟

1. 取標準電池將線路接妥，如圖 35-1 所示。調整電壓超過 1.5 伏特。
2. 移動探針 C，使檢流計恰不生偏轉，記錄此時 AC 長度 L_s。
3. 另取待測電池，不可調動電壓值，重複以上步驟，記錄 AC 長度 L_x。
4. 將所得代入式(35-5)，即可求得待測電池的電動勢 E_x。
5. 改變電壓值，但以不超過 5 伏特為宜，重複上述步驟四次，取其平均值。

實·驗·報·告

實驗 35　電位測定實驗

班級＿＿＿＿＿　　組別＿＿＿＿＿　　日期＿＿＿＿＿

姓名＿＿＿＿＿　　學號＿＿＿＿＿　　評分＿＿＿＿＿

記　錄

標準電池電動勢 E_s =			
次數	L_s	L_x	E_x
1			
2			
3			
4			
5			
		平均值	

問 題

1. 電池的電動勢與端電壓有何不同？試解釋其原因。

2. 為什麼實驗時必需將直流電源的電壓調整得比 1.5 伏特高？

討 論

實 驗 ㊱

電阻溫度係數測定實驗

目 的

以箱型惠斯登電橋來測量導線的電阻溫度係數。

方 法

以箱型惠斯登電橋測量導線的電阻，溫度範圍在常溫至 100℃之間，把電阻和溫度關係曲線畫出，並將其外延至 0℃以求得 0℃時的電阻，由這關係曲線的斜率和 0℃的電阻值，其電阻溫度係數即可決定。

原 理

一個常用而且相當精確的電阻測量方法是 Christie 在 1833 年所發明，用比較「橋」線路辦法，也就是現在所通稱的惠登斯電橋(Wheatstone Bridge)。

圖 36-1 是一般常用來表示惠斯登電橋的線路圖，這種線路之所以會被稱為「橋」是因為它在二平行串聯電阻 MPN 和 MQN 之間以一個靈敏電表橋架在中間，當我們適當地把那四個電阻的大小調整到使 A 點和 B 點的電位相等時，這橋便稱為是平衡了。換句話說這時電表上指示的電流是零。此時，設流過電阻 R_1 及 R_2 的電流為 I_1，流過電阻 R_3 及 R_4 的電流為 I_2，因為沒有電流通過橋，所以可以如此清楚的分開，今 P、Q 點電位一樣，則：

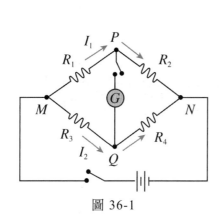

圖 36-1

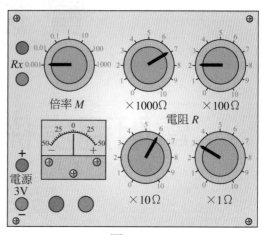

圖 36-2

$$I_1 R_1 = I_1 R_3 \tag{36-1}$$

$$I_1 R_2 = I_2 R_4 \tag{36-2}$$

$$\frac{(36\text{-}1)}{(36\text{-}2)} \quad \frac{R_1}{R_2} = \frac{R_3}{R_4} \tag{36-3}$$

$$\text{或} \quad R_1 = R_2 \frac{R_3}{R_4} \tag{36-4}$$

所以一個未知電阻可以從其他三個已知電阻算出。

一個簡單方便的惠斯登電橋稱為箱型電橋，如圖 36-2 所示。其上裝有一個倍率檔，分為 0.001、0.01、0.1、1、10、100、1000 等七檔，相當於式的 R_3/R_4。另外有四個串聯的歐姆檔（×1Ω，×10Ω，×100Ω，×1000Ω），其串聯值即為式(36-4)的 R_2。而 R_x 也就是待測電阻 R_1 了。故此種電橋可測量電阻的範圍自 0.001Ω 到 11110KΩ。不過，實際上大小兩端的極限都不真正可行，因為接觸點的電阻在歐姆為百分之幾就已經不再忽略了，而另一方面絕緣的困難也造成了測千萬歐姆電阻的大問題。

所有物質的電阻都會因溫度而多少有些變化，其變化可能有下列三種情況：

1. 電阻隨溫度增加而增加，這是所有純金屬及大部分合金都有的性質。
2. 電阻因溫度增加而減少，碳、玻璃和電解質具有此種性質。

3. 電阻與溫度無顯著關聯，這在某些特殊合金比如銅 84%、鎳 12%、錳 4%的合金在其一有限的溫度範圍內，可以說差不多不變。

　　經驗告訴我們，一般導體在溫度 t 時的電阻 R_t 可以寫為：

$$R_t = R_0 \left(1 + \alpha t + \beta t^2\right) \tag{36-5}$$

但在金屬導體中，β 為一極微小之量，故可略去，所以由式(36-1)得：

$$R_t = R_0 \left(1 + \alpha t\right) \tag{36-6}$$

式中 R_0 表 0℃時的電阻，α 是一個比例常數，稱為電阻溫度係數，所以電阻溫度係數的定義乃是此導體升高溫度 1 度時，其電阻改變對溫度 0 度時電阻的百分比。

$$\alpha = \frac{R_t - R_0}{R_0 t} \tag{36-7}$$

　　相當有趣的一點是很多純金屬的 α 值差不多是一樣的，大約 1/273，這個值和理想氣體的膨脹係數一樣，換句話說在絕對零度(−273℃)時，金屬可能會出現零電阻，也就是說當一有電流，電流就會一直存在下去，不必耗費任何能量來維持，根據近代的實驗，在極接近絕對零度時的確有些情形會有不必加電壓即有繼續不斷的電流流動，並且也真的沒有熱能的產生。

　　由於式(36-6)是一種線性關係，所以一般純金屬的電阻在某段有限的溫度範圍內畫出其和溫度的關係圖時該會有著如圖 36-3 的情形。這圖差不多就是從實驗數據中所畫出，係金屬銅從常溫至水沸點的電阻—溫度關係圖。在 0℃時的電阻，我們可以很容易從圖上外延得出。此關係線的斜率應為 $\Delta R / \Delta t$，但依式(36-6)，我們可以知道這線的斜率應為 $R_0 \alpha$，也就是：

$$R_0 \alpha = \frac{\Delta R}{\Delta t} \tag{36-8}$$

或　　$\alpha = \dfrac{1}{R_0} \cdot \dfrac{\Delta R}{\Delta t}$ \hfill (36-9)

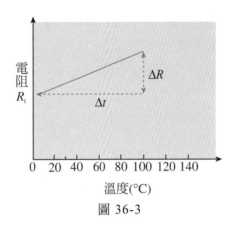

圖 36-3

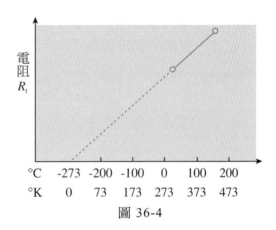

圖 36-4

若我們把此線畫在另一尺度較小的圖上，而使得它外延至0°K（−273℃）時，則如圖 36-4 的情形。當然做這樣大的外延實在也相當不妥當，不過在這兒它的這種在0°K附近有零電阻存在的性質，的確有許多純金屬在其他物理實驗中曾顯示出來。

儀　器

箱型惠斯登電橋，乾電池，蒸汽鍋，溫度計，甘油，方格紙，銅杯，連接線，待測電阻（銅線、鐵鉻線、熱敏電阻）。

步　驟

1. 實驗時將乾電池接於電橋電源處，待測電阻置於蒸汽鍋接於 R_x 處。

2. 轉動串聯歐姆檔至所估計的電阻值，同時按下 GA、GB 鍵，若檢流計指針偏向右側則表示調整過小，若偏向左側則為調整過大，必須繼續調整直至指針不生偏轉為止，此時串聯值即為待測電阻值。

3. 先量室溫時的電阻，然後將蒸汽鍋慢慢加熱，並使用攪拌器使溫度均勻，自 20℃ 起每增加 10℃ 依步驟 2 求出該溫度時的電阻 R_x，直到沸騰為止。

4. 依所得的數據，畫出電阻與溫度的曲線圖，由此圖外延至 0℃ 而得 0℃的電阻 R_0。再將此 R_0 值與每一個 R_x 值分別代入式(36-7)求出電阻溫度係數。

5. 若求出的曲線為一拋物線，則應利用式(36-5)，解兩聯立方程式，求出 α、β 值。

實·驗·報·告

實驗 36　電阻溫度係數測定實驗

班級＿＿＿＿＿＿　　組別＿＿＿＿＿＿　　日期＿＿＿＿＿＿

姓名＿＿＿＿＿＿　　學號＿＿＿＿＿＿　　評分＿＿＿＿＿＿

記　錄

一、銅線（附方格紙）

溫　度 t (℃)	電　阻 R (Ω)	電阻溫度係數 α
0		
室溫		
20		
30		
40		
50		
60		
70		
80		
90		
沸騰		
平均值		

二、鐵鉻線（附方格紙）

溫　度 t (℃)	電　阻 R (Ω)	電阻溫度係數 α
0		
室溫		
20		
30		
40		
50		
60		
70		
80		
90		
沸騰		
平均值		

三、熱敏電阻（附方格紙）

溫 度 t (℃)	電 阻 R (Ω)	溫 度 t (℃)	電 阻 R (Ω)	α	β
0					
室 溫		60			
20		70			
30		80			
40		90			
50		沸 騰			
			平均值		

問 題

1. 將實驗所得的銅電阻溫度係數 α 與公認值比較，並求其百分誤差。

2. 試分析熱敏電阻所求出的 α、β 值其正確性如何？誤差何在？

實 驗 ㊲

克希荷夫定律實驗

目 的

瞭解克希荷夫定律的原理及在直流電路上的應用。

方 法

將一個或兩個直流電源與三個電阻組相連而得到一網路。分別量取電路中的電流與電位差,並與理論值比較,藉以驗證克希荷夫定律。

原 理

在簡單電路中電流與電壓的關係,可由歐姆定律決定。但在較為繁複的電路中,若欲計算各部分電流、電壓與電阻的關係,則必須使用克希荷夫定律,方才便利演算。克希荷夫定律又分為電流定律與電位差定律。

一、電流定律

從電路中任何一個接點來看,流入接點電流總量等於流出電流總量。如果規定流入接點的電流方向為正,流出為負,則可說通向接點各電路的電流總和為零。即:$\Sigma I = 0$。如圖 37-1 所示,有五電路交會於 A 點,I_1、I_2 是流入接點 A;I_3、I_4、I_5 是流出接點 A,所以:$I_1 + I_2 - I_3 - I_4 - I_5 = 0$。

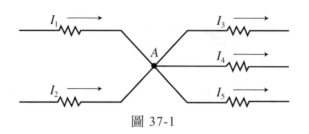

圖 37-1

其實正負的規定是任意的，但對每一電路而言，所有的規定必須前後一致。假如流入接點的電流不等於流出的電流，那麼在接點上就要堆積越來越多的電荷了，所以電流定律顯而易見是必然成立的。

二、電位差定律

電路中任何一個迴路，其電動勢的總和等於電位降（IR）的總合，即：$\sum E = \sum IR$。以圖 37-2 為例來說明。

迴路 $ABCDA$ 中

$$E_1 - E_2 = I_1 R_1 - I_2 R_2$$

迴路 $GADFG$ 中

$$E_2 = I_2 R_2 + I_3 R_3$$

迴路 $HGFDKLH$ 中

$$0 = -I_3 R_3 + I_4 R_5 + I_4 R_4$$

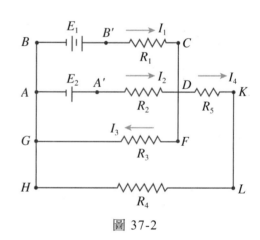

圖 37-2

在求電動勢總和及電位差總和時，必須注意正負的問題。為了方便，一般規定在電動勢時升電位為正，降電位為負；在電位差時升電位為負，降電位為正。這種規定與電流正負的規定是一樣的。但是應保持一定，不能在解決問題時前後不一致。假如得到的答案中電流之值為負，則表示實際電流的方向與計算中假設的方向相反。

明白了克希荷夫定律，則可應用此定律計算較複雜的電路。首先必須描繪一清晰電路圖，其次在每一電路上任意指定一個電流方向，因此即可從每一接點列出電流方程式，最後解此聯立方程式則可得出每一電流來。考慮圖 37-3 的電路（忽略

電池的內電阻），設流經 *AB*、*DC*、*FG* 的電流各為 I_1、I_2、I_3，方向如圖所示，則對 *C* 點而言：

$$I_1 + I_2 - I_3 = 0 \qquad (37\text{-}1)$$

迴路 *ABCDA*

$$E_1 - E_2 = I_1 R_1 - I_2 R_2 \qquad (37\text{-}2)$$

迴路 *DCFGD*

$$E_2 = I_2 R_2 + I_3 R_3 \qquad (37\text{-}3)$$

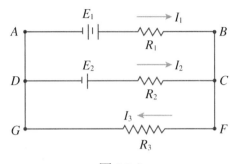

圖 37-3

從方程式(37-1)、(37-2)、(37-3)解得：

$$I_1 = \frac{(R_2 + R_3)E_1 - R_3 E_2}{R_1 R_2 + R_2 R_3 + R_3 R_1} \qquad (37\text{-}4)$$

$$I_2 = \frac{(R_1 + R_3)E_2 - R_3 E_1}{R_1 R_2 + R_2 R_3 + R_3 R_1} \qquad (37\text{-}5)$$

$$I_3 = \frac{R_2 E_1 + R_1 E_2}{R_1 R_2 + R_2 R_3 + R_3 R_1} \qquad (37\text{-}6)$$

如果圖 37-3 電池 E_2 短路（即 $E_2 = 0$），則式(37-4)、(37-5)、(37-6)變為：

$$I_1 = \frac{(R_2 + R_3)E_1}{R_1 R_2 + R_2 R_3 + R_3 R_1} \qquad (37\text{-}7)$$

$$I_2 = \frac{-R_3 E_1}{R_1 R_2 + R_2 R_3 + R_3 R_1} \qquad (37\text{-}8)$$

$$I_3 = \frac{R_2 E_1}{R_1 R_2 + R_2 R_3 + R_3 R_1} \qquad (37\text{-}9)$$

儀　器

克希荷夫定律實驗裝置（包含兩組直流電源、三組電阻組、毫安培計和伏特計），連接線。

> 實驗時必須注意各分路電流的方向及大小，妥慎的將直流毫安培計正負端子正確連接。

步　驟

一、單電源電路

1. 選擇一個直流電源，連接線路如圖 37-5 所示。

2. 任選一組電阻，記為 R_1、R_2、R_3。

3. 使用伏特計並聯於電路，分別量得電源電動勢 E_1，及電位差 V_1、V_2、V_3。

4. 使用毫安培計串聯於電路，分別量得電流 I_1、I_2、I_3。

5. 分別驗證電位差定律及電流定律，並將量得的電流與計算值比較，並且求其誤差。

6. 連續九次取不同電阻值 R_1、R_2、R_3，重複步驟 3 至 5。

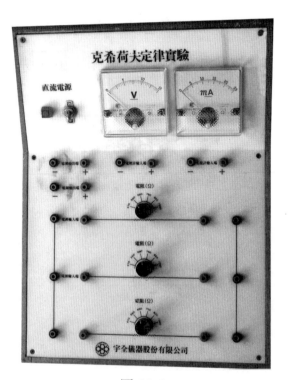

圖 37-4

二、雙電源電路

7. 使用兩個直流電源，連接線路如圖 37-6 所示。

8. 重複步驟 3 至 6。

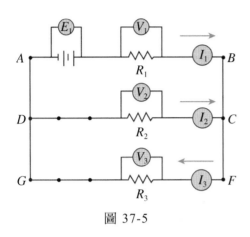

圖 37-5

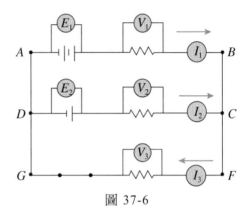

圖 37-6

實驗報告

實驗 37　克希荷夫定律實驗

班級＿＿＿＿＿＿　　組別＿＿＿＿＿＿　　日期＿＿＿＿＿＿

姓名＿＿＿＿＿＿　　學號＿＿＿＿＿＿　　評分＿＿＿＿＿＿

記　錄

一、單電源電路

次數	電源	電阻			電位差			電流			計算值		
	E_1	R_1	R_2	R_3	V_1	V_2	V_3	I_1	I_2	I_3	I'_1	I'_2	I'_3
1													
2													
3													
4													
5													
6													
7													
8													
9													

二、雙電源電路

次數	電源		電阻			電位差			電流			計算值		
	E_1	E_2	R_1	R_2	R_3	V_1	V_2	V_3	I_1	I_2	I_3	I'_1	I'_2	I'_3
1														
2														
3														
4														
5														
6														
7														
8														
9														

問 題

1. 試從方程式(37-1)、(37-2)、(37-3)，導出方程式(37-4)、(37-5)、(37-6)。

2. 假如將電池反向接通，則所得電位差與電流是否仍與本實驗相同？何故？

實 驗 ③8

克希荷夫定律實驗
（數位化實驗）

儀 器

　　克希荷夫定律實驗裝置：包含兩組直流電源、三組電阻組、電壓感應器、電流感應器計、連接線、電學實驗組電路板、750介面。

　　實驗時必須注意各分路電流的方向及大小，妥慎的將直流毫安培計正負端子正確連接。

步 驟

一、單電源電路

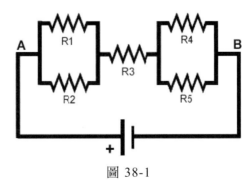

圖 38-1

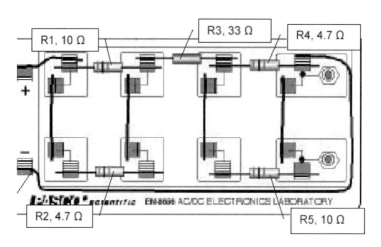

圖 38-2

1. 選擇一個直流電源，連接線路如圖 38-4 所示。

2. 任選一組電阻，記為 R_1、R_2、R_3。

3. 使用電壓感應器並聯於電路，分別量得電源電動勢，及電位差 V_1、V_2、V_3、
   V_4、V_5。

4. 使用電流感應器串聯於電路，分別量得電流 I_1、I_2、I_3、I_4、I_5。

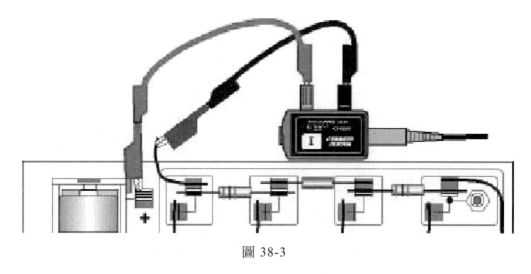

圖 38-3

5. 分別驗證電位差定律及電流定律，並將量得的電流與計算值比較，並且求其
   誤差。

6. 連續九次取不同電阻值 R_1、R_2、R_3，重複步驟 3 至 5。

二、雙電源電路

7. 使用兩個直流電源，連接線路如圖 38-5 所示。

8. 重複步驟 3 至 6。

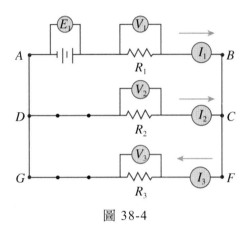

圖 38-4

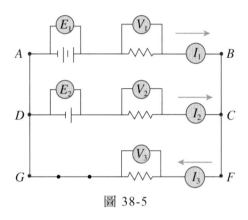

圖 38-5

實驗報告

實驗 38　克希荷夫定律實驗（數位化實驗）

班級＿＿＿＿＿＿　　組別＿＿＿＿＿＿　　日期＿＿＿＿＿＿

姓名＿＿＿＿＿＿　　學號＿＿＿＿＿＿　　評分＿＿＿＿＿＿

記　錄

1. 電源值＝<u>5 V</u>　　　R_1＝<u>10 Ω</u>　　　R_2＝<u>10 Ω</u>　　　R_3＝<u>33 Ω</u>　　　R_4＝<u>4.7 Ω</u>　　　R_5＝<u>4.7 Ω</u>

總電流	等效電阻	計算值（電流）				
I ＝	Rth ＝	I_1＝	I_2＝	I_3＝	I_4＝	I_5＝

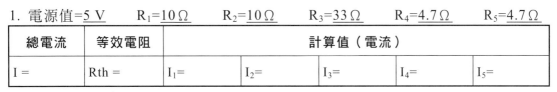

2. 電源值=<u>5 V</u>　　　R_1=<u>10 Ω</u>　　　R_2=<u>4.7 Ω</u>　　　R_3=<u>33 Ω</u>　　　R_4=<u>4.7 Ω</u>　　　R_5=<u>10 Ω</u>

總電流	等效電阻	計算值（電流）				
I =	Rth =	I_1=	I_2=	I_3=	I_4=	I_5=

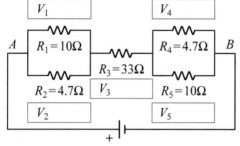

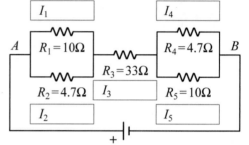

問 題

1. 假如將電池反向接通，則所得電位差與電流是否仍與本實驗相同？何故？

討 論

物理實驗
Experiments in Physics

實 驗 ㊴

地磁測定實驗

目 的

使用正切電流計測定地球磁場的水平強度。

方 法

通電流於線圈，則線圈中心即有磁場產生，如置一指南針於該處即會偏轉，由偏轉度及電流的大小，推算出地球磁場的水平強度。

原 理

在奧斯特(Oersted)發現電流的磁效應後不久，畢奧－沙瓦(Biot-Savart)隨後就找出一個很有用的磁場公式。如圖 39-1 所示，將通電流的導線長 S 分成無數小線段 ΔS，則每一小段 ΔS 對於 P 點的磁場都會有貢獻：

$$\Delta H = \frac{Ki\Delta S \sin \phi}{r^2} \tag{39-1}$$

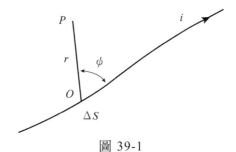

圖 39-1

其中 r 為 P 點和 ΔS 的距離，ϕ 為 OP 與 ΔS 間的夾角，K 為一比例常數，大小和所選用的單位有關。式(39-1)又稱為畢奧－沙瓦定理。在一定距離 r 下，ΔH 在 $\phi = 90°$ 時最大，$\phi = 0°$ 時最小。磁場 ΔH 的方向乃為與 ΔS 和 OP 線所構成的面垂直。

一個圓形導線在圓心所產生的磁場很容易由式(39-1)計算得知，這時 ΔS 和 P 點的距離 R 一定，而且 $\sin\phi = \sin 90° = 1$，所以：

$$\Delta S_1 + \Delta S_2 + \cdots\cdots + \Delta S_n = 2\pi R$$

故 $\quad H = \dfrac{Ki}{R^2}(2\pi R) = \dfrac{2\pi Ki}{R}$ (39-2)

很明顯的，磁場 H 的方向為垂直於圓圈面的方向。

若式(39-1)和式(39-2)中，H 以奧斯特為單位，S 和 R 以釐米為單位，則由 $K=1$ 的設定中定義出的電流單位稱為電流的電磁單位(e、m、u)。換句話說，在一半徑一釐米的圓形線路中能在圓心產生 2π 奧斯特磁場的電流是 1 電磁單位的電流。以這單位來表示電流，則半徑為 R 的圓形線圈在圓心所產生的磁場為：

$$H = \frac{2\pi i}{R} \tag{39-3}$$

對於 n 圈的磁場為：

$$H = \frac{2\pi ni}{R} \tag{39-4}$$

在正切電流中，圓形線圈產生的磁場和地球磁場水平分量所合成的磁場方向可由一指南針來測得。若 H_0 表示在線圈中心位置的地球磁場水平分量，而將線圈面置於鉛直並在地磁子午面上，則線圈所產生磁場 H 和地磁水平分量 H_0 方向互相垂直，假定測量的磁針長度很小，則對此磁針兩極 m 和 $-m$ 所受的磁力大小一樣，都是在圓圈中心處 H 和 H_0 的合成磁場，如圖 39-2 所示，因此，此磁針會與南北向（即線圈沒電流通過時的磁針指向）有 θ 角的偏轉。由於在一定電流下的磁針會平衡在這偏轉的角度上，所以 H 和 H_0 所產生的力偶應該大小相等，也就是說：

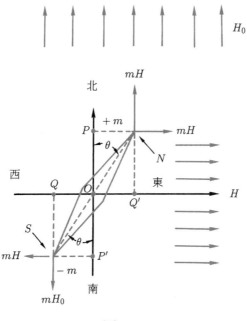

圖 39-2

$$mH(PO + OP') = mH_0(QO + OQ') \tag{39-5}$$

或 $mH \cdot NS\cos\theta = mH_0 \cdot NS\sin\theta$ (39-6)

故 $H = H_0\tan\theta$ (39-7)

式(39-7)代入式(39-4)得：

$$H_0 = \frac{2\pi ni}{R\tan\theta} \tag{39-8}$$

電流的實用單位 1 安培為電磁單位的 1/10，因此，在實驗時如以安培表示電流，則應將式(39-8)改為：

$$H_0 = \frac{2\pi ni}{10R\tan\theta} \tag{39-9}$$

測定時，磁針之偏角不宜太大和太小，因為微分式(39-9)：

$$\frac{di}{d\theta} = K\sec^2\theta$$

$$\frac{di}{i} = \frac{\sec^2\theta}{\tan\theta}d\theta = \frac{2}{\sin 2\theta}d\theta$$

其中 $\sin 2\theta = 1$（即 $\theta = 45°$）時磁針之靈敏度最大。設 45° 之靈敏度為 1，則其他各角之靈敏度如圖 39-3 所示，因此 θ 之範圍以 15°～75° 間為佳。

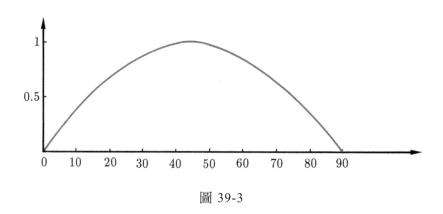

圖 39-3

儀 器

正切電流計（底座、磁針及盤、線圈），地磁測定控制盤（底板、毫安培計、可變電阻、換向開關、乾電池），連接線。

1. 正切電流計的線圈必須與地磁成水平。
2. 實驗時勿靠近鐵物質。

步 驟

1. 連接線路如圖 39-4 所示，調整正切電流計之線圈平面與地磁之子午面平行。

2. 取一組線圈，調整可變電組，取某一電流 i，觀察指南針偏轉角度，然後反扳換向開關使電流改變方向，則正切電流計有左右兩偏角，取其平均值。

3. 量取線圈半徑 R，如線圈分佈在二層以上，則取其平均值。

4. 將所得的電流 i，線圈 n，偏角 θ，半徑 R，代入式(39-9)即可計算出地磁的水平分量 H_0。

5. 再調可變電阻，取另一電流 i，重複以上步驟。

6. 另選取一組線圈，重複以上步驟。

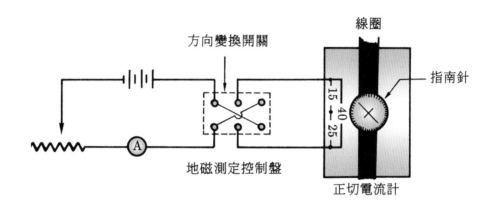

圖 39-4

附　表

● 表 39-1　台灣主要城市地磁之水平強度

地　名	基隆	台北	新竹	台中	台南	高雄	台東	花蓮
水平強度	0.35824	0.35841	0.36001	0.36132	0.36698	0.36800	0.36653	0.36083

實·驗·報·告

實驗 39　地磁測定實驗

班級＿＿＿＿＿　　組別＿＿＿＿＿　　日期＿＿＿＿＿

姓名＿＿＿＿＿　　學號＿＿＿＿＿　　評分＿＿＿＿＿

記　錄

● 表 1

線圈匝數 $n=$		半徑 $R=$				
次數	安培計讀數 i	正切偏流計讀數				地磁水平分量 H_0
		左	右	平均值	$\tan\theta$	
1						
2						
3						
					平均值	

• 表 2

次數	安培計讀數 i	正切偏流計讀數				地磁水平分量 H_0
		左	右	平均值	$\tan\theta$	
1						
2						
3						
				平均值		

• 表 3

次數	安培計讀數 i	正切偏流計讀數				地磁水平分量 H_0
		左	右	平均值	$\tan\theta$	
1						
2						
3						
				平均值		

線圈匝數 $n=$　　　　　半徑 $R=$

問　題

1. 比較實驗值與公認值，並求其百分誤差。

2. 為何實驗中要求磁針左右偏轉之平均值。

討　論

實驗 ㊵

磁矩測定實驗

目 的

用磁力計測定地磁之水平強度和磁棒之磁矩。

方 法

移動磁棒到磁針附近,磁針會偏移一角度,再將磁棒置於一箱內使其扭動,從扭動週期可得地磁水平強度 H 及磁棒磁矩 M 之關係,從兩個實驗數值可分別求出 H 和 M。

原 理

在磁場內一點,單位正磁極所受之力,稱為該點磁場強度。而在地球磁場內某點之磁場強度在水平方向之分量稱為該點之地磁水平強度,以 H 表之。

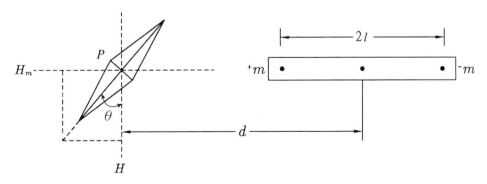

圖 40-1

於地磁水平強度 H 之地，將一磁針水平懸掛於 P 點，因受地磁影響，其靜止時，北極指北，南極指南，而停止在 H 之方向，亦即所謂的地磁子午方向。現若於距 P 點 d 處置一長 $2l$ 的磁鐵棒（d 為磁鐵棒中心至 P 點的距離），其方向垂直於地磁水平方向，如圖 40-1 所示，則在 P 點必有一磁場 H_m：

$$H_m = \frac{m}{(d-l)^2} + \frac{-m}{(d+l)^2} = \frac{4mld}{(d^2-l^2)^2}$$

其中 m 與 $-m$ 為磁棒兩極的極強，且定義磁矩 M 為極強 m 與棒長 $2l$ 的乘積，故：

$$H_m = \frac{2Md}{(d^2-l^2)^2}$$

此時磁針受地磁 H 與磁棒磁場 H_m 的影響，必偏轉一角度 θ，則：

$$\tan\theta = \frac{H_m}{H} = \frac{2Md}{H(d^2-l^2)^2}$$

$$\therefore \frac{M}{H} = \frac{(d^2-l^2)^2 \tan\theta}{2d}$$

兩磁極之距離為磁距(Magnetic length)，實際上略小於磁棒的物理長度，而磁矩(Magnetic moment)的定義為極強 m 與磁距 l 的乘積。

相異的磁棒可能就不同的極強與磁距，想精密的測量它們顯然是非常困難的，因此可知 M 值的獲得由實驗上比由 m 與 l 的乘積來得容易得多。而且磁距與磁棒長相差極微，所以一般上都以磁棒代替磁距。

現若用細線將磁棒懸於中心位置，使其呈水平懸吊，靜止時磁棒軸線 AB 為地磁子午線 NS 之方向（如圖 40-2），若此時將磁棒自靜止位置扭轉一個小角度 θ，則磁棒兩極均受 mH 的地磁水平強度之力，且對磁棒所造成之力矩為：

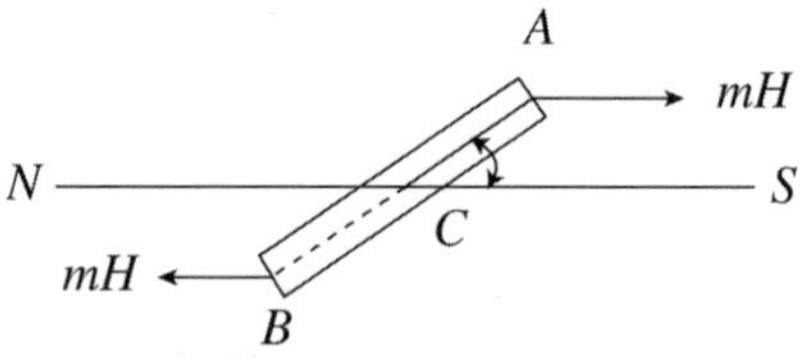

圖 40-2

$$\tau = mH\,\overline{AC}\sin\theta + mH\,\overline{BC}\sin\theta = mH\,\overline{AB}\sin\theta = MH\sin\theta$$

設此磁棒轉動慣量為 I，則由扭擺運動知其週期 T 為：

$$T = 2\pi\sqrt{\frac{I}{MH}}$$ (40-1)

$$\therefore MH = \frac{4\pi^2 I}{T^2}$$ (40-2)

由式(40-1)、式(40-2)：

$$M = \sqrt{\frac{M}{H} \times MH}$$ (40-3)

$$H = \sqrt{\frac{MH}{M/H}}$$ (40-4)

儀 器

振動磁力計，偏角磁力針，磁棒，計時器，天平。

如磁棒長度為 l，寬為 b，重量 m，則：$I = m(\frac{l^2 + b^2}{12})$

圖 40-3

步　驟

1. 移動偏角磁力計，使尺度台與靜止磁計成垂直，並轉動刻度盤，使 0° 對準磁針尖端。

2. 磁棒置於尺度台之槽內移近磁計，至磁棒距刻度盤中心約 20 公分左右，記錄此時磁針偏轉角度 θ 及棒長之半 l 與兩者中心之距離 d。

3. 變換磁棒方向或置磁棒於另邊之尺度台槽內重複步驟 2，求得 M/H 平均值。

4. 量得磁棒之長、寬、重，求 I。

5. 將此一磁棒吊在振動磁力計之木箱內，調整木箱位置，使磁棒之一端正指木箱玻璃之中央，此時磁棒軸正指南北。待其靜止後使其偏轉一小角度，數次量得週期平均之，可求得 MH 值。

附　表

• 表 40-1　台灣主要城市地磁之水平強度

地　名	基　隆	台　北	新　竹	台　中	台　南	高　雄	台　東	花　蓮
水平強度	0.35824	0.35841	0.36001	0.36132	0.36698	0.36800	0.36653	0.36083

實驗報告

實驗 40 磁矩測定實驗

班級＿＿＿＿＿＿＿　組別＿＿＿＿＿＿＿　日期＿＿＿＿＿＿＿

姓名＿＿＿＿＿＿＿　學號＿＿＿＿＿＿＿　評分＿＿＿＿＿＿＿

記　錄

一、求 *M/H*

磁棒長度之半 *l*=			
次數	偏轉角度 θ	磁棒磁針距離 *d*	*M/H*
1			
2			
3			
4			
		平均值	

二、求 *MH* 及 *M*、*H*

轉動週期 *T*				轉動慣量 *I*	*MH*	磁棒磁矩 *M*	地磁水平強度 *H*
1	2	3	平均				

問 題

1. 試與公認值比較地磁水平強度實驗值之誤差,並述其原因。

2. 試述磁距與磁棒長的不同,並說明如何利用磁力求得磁距的方法。

討 論

實 驗 ④

螺線管中磁場實驗

目 的

利用電流天平測定載流螺線管中的磁場強度與電流的關係。

方 法

通電的電流天平一端置於通電的螺線管中，因受磁場影響會產生一向下的磁力；另端置於管外，可加適當砝碼使其產生一向下的重力，若磁力相當於重力時，則可藉砝碼重與電流天平的電流大小求出管內的磁場。並由此比較磁場與電流的關係。

原 理

電流天平的構造如圖 41-1 所示，為一絕緣板，中間有兩支點連接著板上 U 型印刷電路，放在一支座上，板的另一端附有螺絲可調節使板成水平，即電流天平。

圖 41-1

使用時，將電流天平 U 型電路部分插入空心螺線管中，兩者同時通電，則螺線管在其中空部分建立一個磁場 B，並調整使其方向向右，而 U 型電路帶有電流 I_1，且受磁場 B 之影響，產生一向下之力 F，即：

$$F = I_1 LB$$

其中 L 為 U 型電路的寬度。為測此作用力的大小，可在電流天平的另一端加重使之恢復平衡，此時重力 $F = mg$ 等於磁力，所以：

$$I_1 LB = mg$$
$$B = \frac{mg}{I_1 L} \tag{41-1}$$

而螺線管中的磁場為載流導線所產生，若流過的電流為 I_2，則：

$$B = \mu_0 I_2 n \tag{41-2}$$

其中 n 為單位長度的匝數，故知螺線管中的磁場 B 與電流 I_2 成正比。

儀 器

電流天平附底座，空心螺線管，直流電源二，微量砝碼，連接線，米尺。

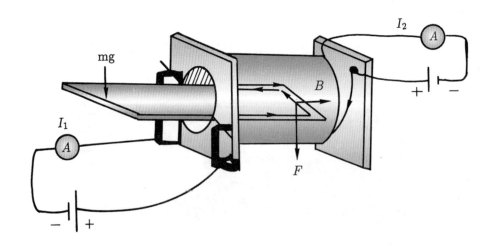

圖 41-2

步 驟

1. 量度電流天平 U 型電路的寬度 L。

2. 將電流天平放在支柱上，調整螺絲使呈水平狀態。至於是否水平可由底座的水平指示刻劃表示出來。

3. 小心的將空心螺線管套住 U 型電路，使電路不與管壁接觸。連接電路如圖 41-2 所示，使 U 型電路在磁場中有一向下的作用力。

4. 接上電流，調整電流天平的電流為 0.8 安培。

5. 在電流天平的附加重力端小心加上 2 mg 的砝碼，緩慢調整螺線管電流 I_2，使電流天平呈水平狀態。記錄 I_2（如無微量砝碼，可改用方格紙代替）。

6. 每次加上 2mg 的砝碼，重複步驟 4，直至 20mg 為止。

7. 將 L、m、I_1 代入公式可求得磁場 B。在方格紙上畫出 I_2—B 的曲線，驗證是否成一直線。

8. 將電流天平的電流調至 1 安培，重複上述步驟。

實驗報告

實驗 41　螺線管中磁場實驗

班級＿＿＿＿＿＿　組別＿＿＿＿＿＿　日期＿＿＿＿＿＿

姓名＿＿＿＿＿＿　學號＿＿＿＿＿＿　評分＿＿＿＿＿＿

記　錄

電流天平 U 型電路寬度 $L=$

電流天平電流 I_1	質量 m (mg)	螺線管電流 I_2	磁場 B
0.8	2		
	4		
	6		
	8		
	10		
	12		
	14		
	16		
	18		
	20		

電流天平電流 I_1	質量 m (mg)	螺線管電流 I_2	磁場 B
1.0	2		
	4		
	6		
	8		
	10		
	12		
	14		
	16		
	18		
	20		

問 題

1. 試分析此實驗可能產生誤差的原因。

2. 試導出理想螺線管的公式，即式(41-2)。

3. 若固定螺線管電流而調整電流天平的電流與砝碼，在實驗上會有哪些影響？

實 驗 ㊷

螺線管中磁場實驗
（數位化實驗）

目 的

利用不同圈數線圈及感應器測定載流螺線管中的磁場強度與電流的關係。

方 法

將電磁感應裝置一端置於通電的螺線管中，依據畢奧撒瓦定律載流螺線管中心點會產生一磁場，感應器可以將資料收集至電腦中，並經由理論值的計算可以相互檢驗實驗與計算之正確性。同時可以比較磁場與電流的關係是否符合定律。

原 理

凡以導線環繞多環成螺管狀的導體，稱為螺線管(solenoid)，可視為由很多單匝線圈連續聯接而成。假如螺管線圈與線圈之間隔甚近，並且螺線管的長度較管的直徑為大，則除近於管的兩端者外，管內的磁場由實驗可得出為一均勻磁場。

螺線管中的磁場為載流導線所產生，若流過的電流為 I_2，則：

$$B = \mu_0 I_2 n \tag{42-1}$$

其中 n 為單位長度的匝數，故知螺線管中的磁場 B 與電流 I_2 成正比。

儀 器

750 介面、磁場感測器、尺、槍形線、*螺線管（SE-8563 初級 / 次級線圈）。

步 驟

在這個實驗中，磁場感測器測量一個圓柱形螺線管內部的磁場強度。功率放大器提供一個通過螺線管的直流電。利用 DataStudio 程式記錄並顯示磁場、位置和通過螺線管的電流。將測量出的螺線管內部磁場與根據電流和單位長度繞線匝數計算出的理論磁場作比較。

一、電腦設置

1. 將 750 介面連接到電腦上，打開介面，然後打開電腦，將磁場感測器 DIN 插頭連接到介面上的類比通道 A。

2. 將香蕉插頭接插線從 750 介面的訊號輸出端連接到線圈兩邊的香蕉插孔中。

3. 在電腦上開啟科學工作室 DataStudio 軟體，點選「建立實驗」，會出現「實驗設定」的新視窗。在「感應器」欄內選擇磁場感應器，拖曳至螢幕上 750 介面的 Analog Channel A，此時在最左邊的「數據」欄會出現磁場感應器的圖示。快速點選二次「實驗設定」視窗內的電壓感應器圖示，會開啟一個「感應器內容」新視窗，將取樣率改成 100：即取樣速率每秒鐘 100 個數據，按下確定。

4. 將訊號輸出設定為 5.0 V 直流電。一般情況下它的預設設定為自動，因此當你單擊啟動時，訊號輸出將自動開始；當你單擊停止時，訊號輸出將自動停止。

5. 調整這些視窗的位置，可以看到電流的數位顯示和磁場強度的數位顯示。

二、感測器校準和儀器設置

你無須校準磁場感測器。磁場感測器會產生一個與磁場強度成正比的電壓：10 毫伏＝10 高斯（1000 高斯＝0.1 特斯拉）。感測器的量程是±2000 高斯。

1. 只使用初級／次級線圈裝置的輸出線圈。用接插線將功率放大器的輸出端連接到螺線管的輸入插孔中。

2. 適當安排螺線管和磁場感測器的位置，使感測器可以放入螺線管中。

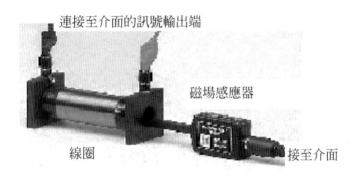

圖 42-1

三、資料記錄

1. 保持磁場感測器遠離磁場源。按下感測器上的 ZERO 按鈕，使感測器歸零。

2. 單擊磁場感測器上的 FIELD SELECTOR SWITCH（磁場選擇器開關），選擇 AXIAL（軸向）磁場。

3. 將感測器放回螺線管旁邊的原位置。

4. 單擊啟動按鈕開始收集資料。此時信號發生器將自動開始輸出信號。

5. 將數位顯示中的電流值記錄在記錄表。

6. 將感測器的杆插入線圈中央。在線圈內部圍繞四周移動感測器，看看感測器徑向位置的改變是否會引起電腦上讀數的改變。

7. 將線圈內磁場中點（遠離線圈的任一端）的軸向部分的讀數記錄在**記錄表**。

8. 將磁場感測器從線圈內取出。單擊感測器盒上的 FIELD SELECTOR SWITCH（磁場選擇器開關），選擇 RADIAL（徑向）磁場。保持磁場感測器遠離磁場源，按下感測器盒上的 ZERO 按鈕，使感測器再次歸零。

9. 將感測器的桿插入線圈中央。將這個磁場徑向部分的讀數記錄在**記錄表**。

10. 測量螺線管線圈的長度。

測量線圈時，確定你只測量螺線管繞線部分的長度，而不是整個螺線管的長度。

實驗報告

實驗 42 螺線管中磁場實驗（數位化實驗）

班級_____ 組別_____ 日期_____

姓名_____ 學號_____ 評分_____

記 錄

記錄的電流	安培	
初級線圈的長度	cm	
理論磁場	高斯	
測量的磁場(gauss)	軸向：_____高斯	
	徑向：_____高斯	
量測計算值	$B = \mu_o n l$_____高斯	
	根據測量的線圈的電流、長度和匝數，計算線圈內磁場的理論值。 SE-8653 輸出線圈的匝數是 2920。	

問 題

1. 當你從線圈中央沿徑向向外（朝向線圈上的繞組）移動感測器時，徑向讀數發生變化嗎？

2. 當感測器位於線圈內兩端的附近時，軸向讀數是否與中點處有所不同？

3. 通過比較軸向讀數和徑向讀數，你推斷螺線管內磁力線的方向是怎樣的？

4. 用百分比誤差的方法，比較理論值和軸向值的差別。導致這樣誤差的因素有哪些？

實 驗 ㊸

交直流電表之使用實驗

目 的

瞭解安培計、伏特計、瓦特計之構造及使用方法,並測量電阻器、電容器、電感器之功率因數。

原 理

一、達松發爾檢流計(D'arsonal galvanomenter)

一條帶電流 I (Amp)之導線在磁通密度為 B 韋伯(Web) / 米^{2}的磁場中會受磁力的作用,若導線長為 L 公尺,則其所受之磁力為:

$$F = ILB_{\perp} \tag{43-1}$$

式中 $B_{\perp}$ 表示在與導線垂直之方向的分量,F 為磁力,其單位為牛頓(N)。

對任何形狀的迴路,當其所圍的面積為 A,而且有電流通過;並置於一磁通密度為 B 的均勻磁場中時,則作用在迴路上的力距 τ 為:

$$\tau = IAB \sin \alpha \tag{43-2}$$

α 為迴路平面的垂直線與磁場的夾角。若迴路有 N 圈時,則其力矩為:

$$\tau' = NIAB \sin \alpha \tag{43-3}$$

大部分之交流(*AC*)、直流(*DC*)安培計及伏特計之原理均用達松發爾檢流計之原理，其簡圖如圖 43-1 所示：

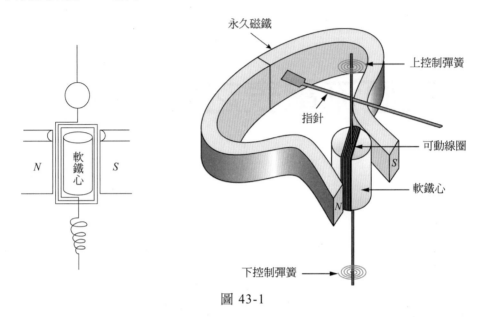

圖 43-1

當電流 *I* 通入可動線圈時，則此線圈即受到永久磁鐵所產生之磁場作用，如圖 43-2，其力矩 $\tau' = NIAB\sin\alpha$ ，由於這力矩作用，線圈開始轉動，其兩端彈簧會產生反方向之力矩 τ'' ，以反抗力矩 τ' 之作用。而彈簧之反抗力矩 τ'' 是和其轉動之角度 α 成正比，即 $\tau'' = k\alpha$ 。若當線圈轉至 α 不動時，則 $\tau' = \tau''$ ，所以：

$$k\alpha = NIAB\sin\alpha \tag{43-4}$$

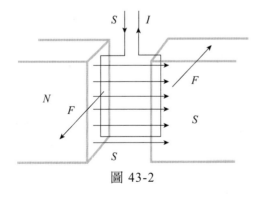

圖 43-2

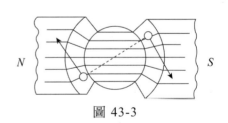

圖 43-3

由(43-4)式知，當 $\alpha = 90°$ 時，磁力矩最大，當線圈開始轉動後，α 角度漸小，磁力矩漸減小；當 $\alpha = 0°$ 時，則磁力矩為零。如此，轉動角並不和電流成正比增加。要消除此一現象，必須改變永久磁鐵之形狀，使其產生磁力線能集中於中央，且各角度之磁場強度相等，如圖 43-3 所示，則磁場作用的力矩即可與轉動的角度無關。此時得：

$$k\alpha = NIAB$$
$$\therefore I = (\frac{k}{NAB})\alpha \tag{43-5}$$

由(43-5)式知 I 與 α 成正比，故電流大小可由角度讀出。

二、安培計

測量電流時，必須先將電路切開，接安培計於其中，使呈串聯狀態。電流計之線圈雖為導體，但仍有電阻存在，為使電路中的電流不因安培計的介入而有顯著的變化，故安培計內的電阻必須甚小。為此，常於電流計兩端跨接一低分流電阻(shunt resistor)，而此分流電阻必甚小於線圈電阻，如此可避免燒壞線圈，又可量度較強電流。

交流安培計是由電流計與一低分流電阻 r 並聯構成的，如圖 43-4 所示。r_G 表電流計之內電阻，故：

$$I_G r_G = (I_A - I_G)r$$
$$\therefore I_A = (\frac{r_G + r}{r})I_G \tag{43-6}$$

由上式知利用電流計並聯一低分流電阻而成一安培計時，安培計之讀數為電流計之讀數乘以 $\frac{r_G + r}{r}$ 即得電流值，且以安培為單位。

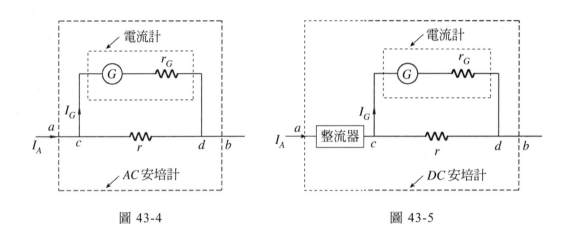

圖 43-4 圖 43-5

　　直流安培計除了由電流計與一低分流電阻並聯外，還須加一整流器，使得交流電流成為直流電流，如圖 43-5 所示。

三、伏特計

　　測量電壓時，必須使伏特計跨於被測部分電路的兩端，使成並聯狀態。為使其對原電路影響很小，伏特計所分流的電流必須很小，故其內電阻必須很大，如此也可增加伏特計量度電壓的範圍。

　　交流伏特計是由電流計串聯一高電阻而成，如圖 43-6 所示。Z 為待測線路中之總阻抗：

$$\therefore I_Z Z = I_G (r_G + R)$$
$$V_Z = I_G (r_G + R) \tag{43-7}$$

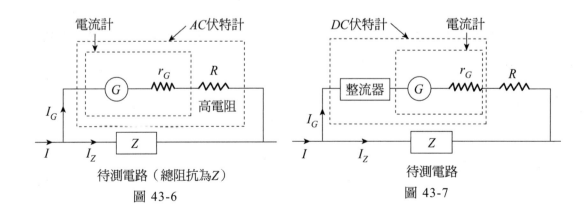

待測電路（總阻抗為Z）　　　　　待測電路
圖 43-6 圖 43-7

由(43-7)式知將電流計串聯一高電阻後，並將電流計之刻度讀數乘以 $(r_G + R)$ 即得電壓值，且以伏特為其單位。

直流伏特計就如同直流安培計，除電流計與一高電阻串聯後，仍需一整流器使交流電流變成直流電流，如圖 43-7 所示。

四、有效電壓（V_{eff} 或 V_{rms}）及有效電流（I_{eff} 或 I_{rms}）

交流電是一種週期性變化的電流，其輸出電能也隨時間在變化，而直流電其輸出電能是固定的。如圖 43-8，若接通 K_1 以直流電加熱水，使水由某一溫度上升至某定量之溫度；與單獨接通 K_2，而調整交流電源，也可使水在相同時間內由一溫度上升等量之溫度；此時 AC、DC 兩種電源對同一電路輸入電功率相等，則 DC 電源的電壓（電流）大小就叫做 AC 電源的有效電壓（電流），或稱均方根電壓（電流）。

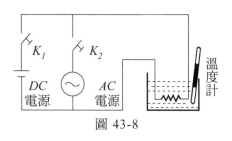

圖 43-8

在 DC 電路中，功率 P 的定義為：

$$P = IV \tag{43-8}$$

在 AC 電阻電路中，功率 P 的定義為：

$$P = I_{rms} \cdot V_{rms} \tag{43-9}$$

而電功率之單位為瓦特(Watt)。

五、瓦特計

瓦特計之構造非常類似於達松發爾檢流計，將檢流計中之永久磁鐵改換成固定線圈組提供磁場，即成力測式瓦特計。圖 43-9 為瓦特計之構造簡圖，它包含兩種線圈；其一為電流圈（固定之線圈組），它須串聯於待測電路元件，電流圈中之電流與待測線路元件之電流不僅是同相位，而且是同大小；另一為電壓圈（可動線圈），它須與待測電路元件並聯，因為電壓圈的電阻很高（串聯一高電阻），流過電壓圈的電流是與其所並聯的待測元件的電壓同相位，且大小成正比。通有電流之電

壓圈在電流圈所產生之磁場中轉動時，欲得最大力矩，則須兩種線圈中之電流同相位（相差 $0°$）；若為反相位（相差 $90°$），即一線圈電流最大時，另一線圈電流為零，則力矩為零，因此力矩亦正比於相位差 θ 角的餘弦。因此交流功率方程式為：

$$P = I_{rms} \cdot V_{rms} \cos\theta \qquad (43\text{-}10)$$

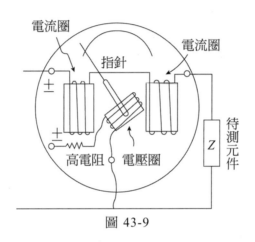

圖 43-9

式中 $\cos\theta$ 為功率因素，P 為實際功率，能由瓦特計直接量得；而 $I_{rms} \cdot V_{rms}$ 為視在功率，須由交流安培計與伏特計測量。對純電阻電路而言 $\cos\theta = 1$，對電感或電容電路而言 $\cos\theta < 1$，如下圖 43-10 所示。

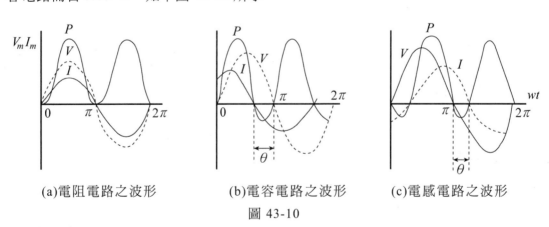

(a)電阻電路之波形　　(b)電容電路之波形　　(c)電感電路之波形

圖 43-10

然而在純電感電路中，因為電壓超前電流 $90°$，所以理想的電感器其輸入功率恆為零；而純電容電路中，因為電流超前電壓 $90°$，所以理想的電容器其輸入功率恆為零。

六、瓦特計的使用

使用瓦特計必須同時使用 4 個接點，而且±端子必須同時接至相同的高電位或低電位處。如果我們選用 25A120V 檔時，則由瓦特計上讀出指針所指的刻度值須再乘以「乘子 25」方能代表真正的電功率，而此時電流圈之電阻約為 0.0027Ω，電壓圈電阻約為 12 KΩ。

儀 器

AC 安培計，DC 安培計，AC 伏特計，DC 伏特計，可變電阻器，電源，瓦特計，電阻計，電容器，電感器，單刀開關。

步 驟

1. 利用惠斯登電橋分別測量直流安培計及伏特計之內電阻，記為 r_A、r_V。

2. 利用直流安培計及伏特計測量電阻值（記錄於表 1）。

   (1) 依圖 43-11 接妥，請教師檢查。

   (2) 按下 K，記錄安培計及伏特計之讀數，分別為 I_A、V。

   (3) 由歐姆定律求得 $R = \dfrac{V}{I_A}$，但因安培計

   有內電阻存在，所以真正待測電阻為：

   $$\frac{V}{I_A} - r_A = R'$$

   (4) 重複以上實驗。

   (5) 改依圖 43-12 接妥，請教師檢查。

   (6) 重複步驟(2)。

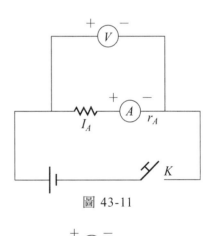

圖 43-11

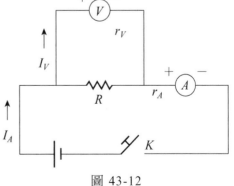

圖 43-12

(7) 由歐姆定律求得 $R = \dfrac{V}{I_A}$，因有部分電流($I_V = \dfrac{V}{r_V}$)流經伏特計，所以真正待測

電阻為 $\dfrac{V}{I_A - I_V} = R'$。

(8) 重複步驟(5)~(7)。

3. 利用交流安培計、伏特計及瓦特計測量電阻、電感、電容器之功率因數（記錄於表 2）。

(1) 依圖 43-13 接妥，請教師檢查。

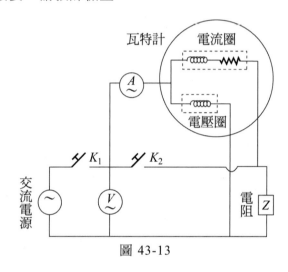

圖 43-13

(2) 按下 K_2（K_2 為短路電鍵，若負載為馬達、發電機時，為防止起動電流超過安培計之最大電流須用此電鍵），再按下 K_1 測量電阻兩端之電壓值(V_{rms})。

(3) 開啟 K_2，量安培計、瓦特計上之讀數，分別為 I_{rms}、P。（瓦特計讀數須依所使用之電流、電壓檔乘上「乘子」，方可代表電功率。）

(4) 計算 $\cos\theta = \dfrac{P}{I_{rms}V_{rms}}$。

(5) 重複步驟(1)~(4)。

(6) 分別以電感器、電容器，取代圖 43-13 之電阻器，重複步驟(1)~(5)。

實·驗·報·告

實驗 43 交直流電表之使用實驗

班級＿＿＿＿＿＿　組別＿＿＿＿＿＿　日期＿＿＿＿＿＿

姓名＿＿＿＿＿＿　學號＿＿＿＿＿＿　評分＿＿＿＿＿＿

記 錄

● 表 1

裝置	實驗次數	安培計		伏特計		計 算		百分誤差
		內電阻 r_A	讀 數 I_A	內電阻 r_V	讀 數 V	歐姆定律 $R = V / I_A$	$\dfrac{V}{I_A} - r_A = R'$	$\dfrac{\lvert R - R' \rvert}{R} \times 100\%$
圖 43-11	1							
	2							
	3							
圖 43-12	1							
	2							
	3							

● 表 2

待測元件	實驗次數	交流伏特計 V_{rms}	交流安培計 I_{rms}	瓦特計		實際功率 P	視在功率 $I_{rms} V_{rms}$	功率因素 $\cos\theta = \dfrac{P}{I_{rms} V_{rms}}$
				電流檔	電壓檔			
電阻器	1							
	2							
	3							
電感器	1							
	2							
	3							
電容器	1							
	2							
	3							

問 題

1. 安培計與伏特計分別在構造上及使用上有哪些最主要之不同點？

2. 當你使用安培計及伏特計測量電阻器之電阻值時，其線路應如圖 43-11 或圖 43-12？如何選擇？

實 驗 ㊹

感應電動勢實驗

目 的

研究電磁感應原理。

方 法

利用磁棒在次線圈中插入及抽出的相對運動以及套入次線圈中的主線圈在通電與關電時磁場的變化，觀察次線圈感應電流的方向與大小，並驗證楞次定律。

原 理

十九世紀中期物理上最重要的發現之一是電與磁之間的交互關係。最初的貢獻是奧斯特在 1820 年的實驗。奧斯特發現通電流的電線會產生磁場，磁力線是以電線為中心的封閉線圈，圓面垂直於電線。更

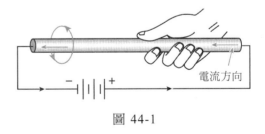

電流方向

圖 44-1

進一步他發現磁力線的方向是觀察者沿著電流方向看過去的順時鐘方向，如圖 44-1 所示。我們可以用右手來定向，大姆指指向電流方向，手指握住電流方向即為磁力線方向。

第二個重要的發現是法拉第在 1824 年到 1831 年間的一連串實驗工作。法拉第認為，假使電線帶電流則獲得自己的磁場，反過來，假使磁場建立在電線周圍，電線應該會產生電流，但是他遭遇到失敗。顯然的，磁場的存在並非產生電流的充分

條件。他發現磁場和導體間的相對運動
才是產生電流的主要條件。他的實驗顯
示磁場和電線的相對運動必須是電線
或導體切斷磁力線。例如磁棒在線圈中
出現並不會產生電流，但是磁棒很快的
插入或抽出線圈，則磁力線被線圈所
切，線圈會有電流產生，如圖 44-2 所示。

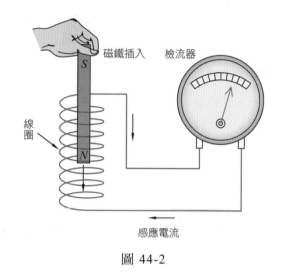

圖 44-2

　　要有電流產生則需要有電動勢，所
以導體和磁場的相對運動主要效應是
產生電動勢，稱為感應電動勢，所產生
電流稱為感應電流。所有感應電動勢的
產生皆依下列兩個定理：

1. 感應電動勢等於單位時間切斷磁力線的數目，$\bar{\varepsilon}$ 是平均感應電動勢，則：

$$\bar{\varepsilon} = -\frac{\Delta\phi}{\Delta t}$$

2. 感應電動勢的發生是為了使感應電流產生的磁場與外磁場變化相抗。如果不
   是如此，感應電流所造成的磁場會增加，則感應電動勢增加，致使感應電流
   增加，結果磁場又更增加，感應電動勢又再增加，如此循環下去，結果所有
   過程皆不需要消耗能量，這顯然與能量守恆定律不合。所以感應電動勢產生
   的磁場與原來磁場方向應該是相反的，這也就是楞次定律。

儀　器

主線圈、次線圈、鐵棒、磁棒、乾電池、檢流計、連接線。

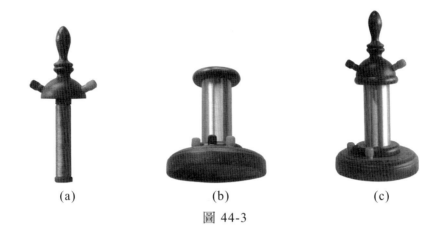

　　　(a)　　　　　　　　(b)　　　　　　　　(c)

圖 44-3

步　驟

一、物體與線圈的相對運動

1. 在次線圈選擇某一圈數而與檢流計串聯。

2. 依次以鐵棒、磁棒（N 極在下及 S 極在下）及主線圈（通電及關電）迅速插入及抽出次線圈，觀察並記錄檢流計偏轉的方向及大小。

3. 改變圈數重複以上實驗。

二、主線圈（或含介質）對次線圈的磁場變化

1. 將主線圈與電池相接後放入次線圈中。觀察並記錄通電及關電時檢流計指針偏轉的方向與大小。

2. 依次將鐵棒、磁棒（N 極在下及 S 極在下）放置在主線圈內，觀察並記錄通電及關電時檢流計指針偏轉的方向與大小。

3. 改變次線圈圈數，重複上述步驟。

三、物體與組合線圈的相對運動

1. 主線圈依然放置在次線圈中。

2. 通電時觀察鐵棒、磁棒（N 極在下及 S 極在下）迅速插入及抽出次線圈時，檢流計指針偏轉的方向與大小。關電時亦重複此步驟。

3. 改變次線圈圈數，重複上述步驟。

實·驗·報·告

實驗 44　感應電動勢實驗

班級＿＿＿＿＿　　組別＿＿＿＿＿　　日期＿＿＿＿＿

姓名＿＿＿＿＿　　學號＿＿＿＿＿　　評分＿＿＿＿＿

記　錄

● 表 1　物體與線圈的相對運動

相對運動的物體	運動方向	次線圈內的電流			
		500 圈		1000 圈	
		方向	大小	方向	大小
鐵棒	下				
	上				
磁棒（N 極在下）	下				
	上				
磁棒（S 極在下）	下				
	上				
主線圈（ON）	下				
	上				
主線圈（OFF）	下				
	上				

• 表 2　主線圈（或含介質）對次線圈的磁場變化

| 主線圈內的介質 | 開關控制 | 次線圈內的電流 | | | |
| | | 500 圈 | | 1000 圈 | |
		方向	大小	方向	大小
無	ON				
	OFF				
鐵棒	ON				
	OFF				
磁棒（N 極在下）	ON				
	OFF				
磁棒（S 極在下）	ON				
	OFF				

• 表 3　物體與組合線圈的相對運動

| 相對運動的物體 | 開關控制 | 運動方向 | 次線圈內的電流 | | | |
| | | | 500 圈 | | 1000 圈 | |
			方向	大小	方向	大小
鐵棒	ON	下				
		上				
	OFF	下				
		上				
磁棒（N 極在下）	ON	下				
		上				
	OFF	下				
		上				
磁棒（S 極在下）	ON	下				
		上				
	OFF	下				
		上				

問 題

1. 當磁棒插入線圈時感應電流能量的來源哪裡來？

2. 將實驗結果驗證楞次定律，並分析感應電流的方向與大小。

討 論

實 驗 ㊺

感應電動勢實驗
（數位化實驗）

儀 器

750 介面、DataStudio 軟體、電壓感測器、電子學實驗線路板、磁鋼條形磁鐵。

步 驟

一、基本安裝與設定

1. 利用 USB 連接線將 750 介面與電腦連接，如圖 45-1，開啟 750 介面的電源。

2. 將電壓感應器的 PIN 插頭插入 750 介面的 Analog Channel A，再將另一端的紅黑鱷魚夾夾在將要量測的線圈旁。調整電路板的位置，使線圈所在的一角伸出桌子的邊緣，而且穿過線圈投下的磁鐵可以自由下落（如實驗 44 的圖 44-2）。

不要讓磁鐵直接碰到地面，否則它會斷裂。可在線圈下方放置泡棉或塑膠墊。

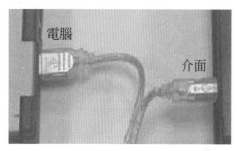

圖 45-1

圖 45-2

3. 在電腦上開啟 DataStudio 軟體，點選「建立實驗」，會出現「實驗設定」的新
   視窗。在「感應器」欄內選擇電壓感應器，拖曳至螢幕上 750 介面的 Analog
   Channel A，此時在最左邊的「數據」欄會出現電壓感應器的圖示，如圖 45-3。

4. 快速點選二次「實驗設定」視窗內的電壓感應器圖示，會開啟一個「感應器
   內容」新視窗，將取樣率改成 200：即取樣速率每秒鐘 200 個數據，按下確
   定，如圖 45-4。

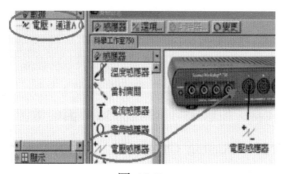

圖 45-3

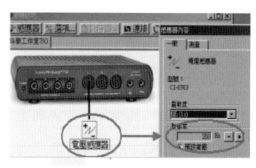

圖 45-4

5. 在螢幕左下方的「顯示欄」內，點
   選這次實驗所需要的顯示模式，如
   圖表，並拖曳至上方「資料欄」的
   電壓感應器圖示上，會出現一個圖
   表的新視窗，如圖 45-5。

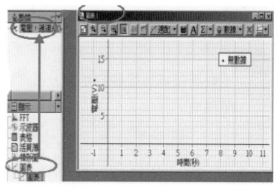

圖 45-5

二、數據讀取及記錄

1. 按下視窗上的「啟動」鈕，此時會開始記錄數據，而且啟動二字會變成「停止」（停止鈕）。

2. 將磁鐵棒置於線圈上方約 5 公分，放開磁鐵棒使其通過線圈，自由落下。

3. 當磁鐵棒開始穿越線圈時，電壓感應器即會感應到線圈上產生的電壓，將數據記錄下來。

4. 當磁鐵棒完全離開線圈之後，按下視窗的「停止」鈕，停止收集數據。

5. 重複五次實驗，每次都將相關數據記錄在記錄表 1 中。

6. 取另一個不同磁場強度的磁鐵，重複步驟 1~5，將相關數據記錄在記錄表 2 中。

7. 利用下列二項條件，重複上述實驗步驟並進行記錄與資料分析。

   (1) 將兩根條形磁鐵綁在一起，使兩個 N 極在一起。（重複步驟 1~5，並將數據記錄在記錄表 3。）

   (2) 重新安排兩個條形磁鐵的位置，使一根磁鐵的南磁極與另一根磁鐵的北磁極在一起。（重複步驟 1~5，並將數據記錄在記錄表 4。）

三、數據分析

1. 點選圖表視窗中工具列的「統計」鈕，會出現一個下拉式選單，可以分析圖形中數據的大小、平均值以及曲線下的區域面積。勾選區域會出現一個小統計視窗，可顯示面積。如圖 45-6。

2. 在圖表內的曲線中，按著滑鼠左鍵，在圖形上用拖曳的方式，選取你想要計算的區域面積，在統計視窗中會同步顯示你所選擇區域的面積大小，如圖 45-7。

3. 記錄第一個和第二個峰的峰值以及面積在記錄表中。

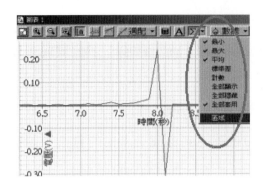

圖 45-6

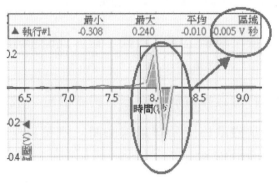

圖 45-7

實·驗·報·告

實驗 45　感應電動勢實驗
（數位化實驗）

班級＿＿＿＿＿＿　　組別＿＿＿＿＿＿　　日期＿＿＿＿＿＿

姓名＿＿＿＿＿＿　　學號＿＿＿＿＿＿　　評分＿＿＿＿＿＿

記　錄

● 表 1　第一個磁棒

	第一個峰值	第二個峰值	第一個面積	第二個面積
第一次實驗				
第二次實驗				
第三次實驗				
平均值				

- 表 2　第二個磁棒

	第一個峰值	第二個峰值	第一個面積	第二個面積
第一次實驗				
第二次實驗				
第三次實驗				
平均值				

- 表 3　兩根條形磁鐵，N 極及 N 極相互連接在一起

	第一個峰值	第二個峰值	第一個面積	第二個面積
第一次實驗				
第二次實驗				
第三次實驗				
平均值				

- 表 4　兩根條形磁鐵，N 極及 S 極相互連接在一起

	第一個峰值	第二個峰值	第一個面積	第二個面積
第一次實驗				
第二次實驗				
第三次實驗				
平均值				

問 題

1. 磁鐵棒進入與離開線圈的磁通量相等嗎？

2. 由你的數據中得到的圖形可看到磁鐵棒離開線圈的數值高峰比磁鐵棒進入線
   圈的峰高，為什麼？

3. 為什麼兩個峰的方向相反？

4. 運動之速度是否影響結果？

5. 將兩個磁鐵 N 極與 S 極相互連結在一起或不綁在一起時，對磁通量有何影響？

討 論

實 驗 ㊻

RLC 共振實驗

目 的

使學生瞭解 RLC 元件在電路上之交流串聯共振情形及其對頻率之響應特性。

方 法

使用信號產生器，將電阻、電感和電容串聯成為一個迴路，即成 RLC 交流串聯電路。選擇一組固定值的電感和電容，並聯一伏特計在電阻的兩端，改變輸入頻率，伏特計的讀數也隨之改調，當伏特計上的讀數為最大時，即為串聯電路的共振點。此時之頻率稱為共振頻率。繪出電壓對頻率的變化曲線，進而可求出 Q 值（電路的電壓增益）。

原 理

當一線路施以電動勢時，將有電流在線路中流動，但是電流的大小受到線路中阻礙物的影響，稱之為阻抗，定義為 $Z = V/I$，亦即電壓與電流的比值。

電阻是最基本的阻抗。當電流在導體中行進時會受到導體內部原子或分子的阻礙，遂形成電阻，以符號 R 表之。並且由歐姆定律 $V = IR$ 知道，V 和 I 的相位相同，因為電阻並不影響相位的關係。

當交流電源加在電感的兩端時電流並不會立刻達到最大值，這是由於在電感中磁場的改變而產生的反電動勢，使得產生的電流的相位比所加的電壓的相位落後了 $90°$。因此頻率越高，受到的阻力也越大。所以電感的阻抗為 $X_L = 2\pi fL$，稱之為感抗，其中 L 是電感。

　　當電容置於直流線路時，電容將會充電，但是電流不通。假如將電容置於交流電路中，因為交流電的電壓方向隨時間而改變，使得電容不斷的充電、放電，就如同通電一般，但電容兩端的電壓只有在片板充電後始能產生，因此使得產生的電流相位超前了所加的電壓相位90°。顯然的，頻率越高，流動的電流越大，表示阻抗越小，因此電容的阻抗為 $X_C = 1/2\pi fC$ 稱之為容抗，其中 C 為電容。

　　因為在電感、電容中的電流與電壓有著90°的相位差，因此在一個電阻、電感、電容的串聯電路（圖46-1）中的總阻抗 Z，不能直接將 R、X_L、X_C 相加，必須使用向量加法，如圖46-2所示。

$$Z = \sqrt{R^2 + (X_L - X_C)^2}$$

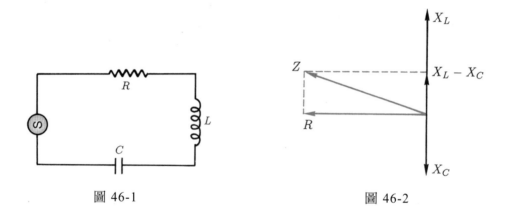

圖 46-1　　　　　　　　　　　　　　　　　　圖 46-2

　　在方程式 $Z = V/I$ 中，當電壓一定，阻抗最小時，可以得到最大的電流，而阻抗最小的條件是 $X_L = X_C$ 即：

$$2\pi fL = \frac{1}{2\pi fC}$$

$$f = \frac{1}{2\pi}\sqrt{\frac{1}{LC}} \tag{46-1}$$

　　此頻率稱為共振頻率，記為 f_0，即是使電流最大（$I = I_{max}$）的頻率，也就是電阻兩端電壓最大的頻率。圖 46-3 為改變輸入頻率時，電阻兩端之電壓（V_R）與頻率之關係圖，稱為頻率響應曲線。

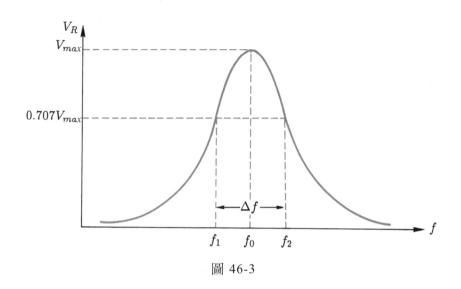

圖 46-3

共振時電路之電流為 $I_{\max} = V/R$，此時電容器與電感器的端電壓各為：

$$V_L = X_L I_{\max} = (2\pi f_0 L)\frac{V}{R} \qquad (46\text{-}2)$$

$$V_C = X_C I_{\max} = \frac{1}{2\pi f_0 C}\frac{V}{R} \qquad (46\text{-}3)$$

此二端電壓相等，而正負端相反，將共振時的這個端電壓與電源電壓之比值稱為 Q，來作為電路的電壓增益，故：

$$Q = \frac{V_L}{V} = \frac{2\pi f_0 L}{R} \qquad (46\text{-}4)$$

或　　　$$Q = \frac{V_C}{V} = \frac{1}{2\pi f_0 CR} \qquad (46\text{-}5)$$

式(46-1)代入式(46-4)或式(46-5)：

$$Q = \frac{1}{R}\sqrt{\frac{L}{C}} \qquad (46\text{-}6)$$

在計算上，我們可以從 R、L、C 的值算出 Q 值。而實際上，我們以共振頻率與頻帶寬度來表示。頻帶寬度是使電流 $I = 0.707 I_{\max}$ 或端電壓 $V_R = 0.707 V_{\max}$ 的兩個頻率差 $|f_2 - f_1|$，如圖 46-3 所示，則：

$$\Delta f = |f_2 - f_1| = R/2\pi L \tag{46-7}$$

所以　　　$Q = f_0/\Delta f$ (46-8)

因此只要從實驗上描繪出如圖 46-3 的頻率響應曲線，Q 值即可求得。

儀　器

交流串聯共振實驗裝置（包含信號產生器、電阻組、電感組、電容組及交流毫伏特計），連接線。

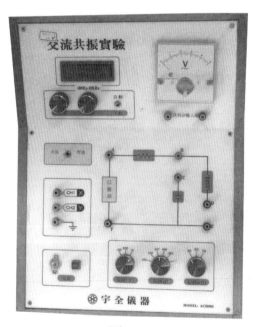

圖 46-4

步　驟

1. 線路接法如圖 46-1，實驗裝置本身已經接妥。實驗時，只需將頻率信號輸入，伏特計跨接在電阻兩端即可。

2. 選定一組電阻 R，電感 L。電容 C 後，慢慢由小而大改變信號產生器的頻率，則可發現伏特計上的讀數，起初隨著頻率之增加而增加，但到某一頻率後，如頻率繼續增加，伏特計卻反而下降，此時之頻率即為此組 LC 的共振頻率 f_0，伏特計讀數記為 V_{max}。

3. 在共振頻率前後測定其頻率 f 與相對應的伏特計讀數 V，然後畫出 $f-V$ 的頻率響應曲線（如圖 46-3 所示）。

4. 取 $V_R = 0.707V_{max}$，在頻率響應曲線圖上，畫一線平行於橫座標與曲線相交於二點，其對應之頻率分別為 f_1 與 f_2。由式(46-8)可求出 Q 值。

5. 將選定的 R、L、C 值代入式(46-1)與式(46-6)，可得 f_0 與 Q 的計算值，並與實驗值比較之。

6. 連續選定三組 R、L、C 並重複上述實驗。

物理實驗
Experiments in Physics

實驗報告

實驗 46　RLC 共振實驗

班級＿＿＿＿＿＿　組別＿＿＿＿＿＿　日期＿＿＿＿＿＿

姓名＿＿＿＿＿＿　學號＿＿＿＿＿＿　評分＿＿＿＿＿＿

記　錄

一、共振頻率 f_0

次數	電阻 R	電感 L	電容 C	f_0		誤差
				實驗值	計算值	
1						
2						
3						

二、頻率響應曲線（做圖在方格紙上）

1	電壓(mv)									
	頻率(Hz)									
2	電壓(mv)									
	頻率(Hz)									
3	電壓(mv)									
	頻率(Hz)									

三、電壓增益 Q

次數	V_{max}	$0.707V_{max}$	f_1	f_2	Δf	f_0	Q 實驗值	Q 計算值
1								
2								
3								

問 題

1. 試比較電壓增益 Q 值的誤差。

2. 頻帶寬度取 $V_R = 0.707V_{max}$ 的兩個頻率差，在物理上有何意義。

3. 在共振頻率時，量取電阻兩端的電位差與整個系統的電位差是否相同？何故？

實 驗 ㊼

RLC 串聯共振實驗
（數位化實驗）

儀 器

儀　器	型　號	說　明
750 介面	CI-7650	一台
DataStudio 軟體	CI-6870	安裝於電腦
電壓感應器	CI-6503	二組
AC/DC 電學實驗組	EM-8656	一組
電阻、電容、電桿		
槍型線		一組（紅黑各一條）
電腦系統		一組

步 驟

1. 任選一組電阻、電感及電容，記錄其數值。並如圖所示安裝在 AC/DC 電學實驗組上。

2. 取兩條（紅／黑）槍型線，將槍型線的一端插在 AC/DC 電學實驗組右邊的插座上，另一端則插入 750 介面的訊號輸出端 (OUTPUT)。

圖 47-1

3. 取一組電壓感應器,將一端插入 750 介面的 A 通道,另一端的兩個夾頭接在電阻的兩端,量測電阻的電壓值。

4. 取第二組電壓感應器,將一端插入 750 介面的 B 通道,另一端的兩個夾頭接在整個串聯電路的兩端,量測整個串聯的總電壓值。

5. 開啟設定檔案:RLC 串聯共振實驗.ds。

6. 在工具列上按下「啟動」,再慢慢調整交流電流的頻率,直到李賽圖形呈現一條直線為止,記錄此時的頻率,此即為共振頻率(實驗值)。

7. 更換不同電阻,但是電感及電容固定,重複上步驟 2 次,並將測得之數據填至共振頻率表 1 內。用不同的電阻,共進行三次。

8. 更換不同電容,但是電感及電阻固定,重複上步驟 2 次,並將測得之數據填至共振頻率表 2 內。用不同的電容,共進行三次。

9. 更換不同電感,但是電阻及電容固定,重複上步驟 2 次,並將測得之數據填至共振頻率表 3 內。用不同的電感,共進行二次。

實・驗・報・告

實驗 47　RLC 串聯共振實驗
（數位化實驗）

班級＿＿＿＿＿　組別＿＿＿＿＿　日期＿＿＿＿＿

姓名＿＿＿＿＿　學號＿＿＿＿＿　評分＿＿＿＿＿

記　錄

共振頻率公式＝ $f = \dfrac{1}{2\pi\sqrt{LC}}$ ，百分誤差(%)＝$\dfrac{|理論值-實驗值|}{理論值}\times 100\%$

● 表 1　改變不同的電阻，但是固定電感及電容

電感＝

電容＝

次數	電阻 R	電感 L（固定值）	電容 C（固定值）	共振頻率 實驗值 A	理論值 B	百分誤差%＝(B-A)／B
1						
2						
3						

• 表 2　改變不同的電容，但是固定電感及電阻

電感＝						
電阻＝						
次數	電容 C	電感 L （固定值）	電阻 R （固定值）	共振頻率		百分誤差% ＝(B−A) / B
				實驗值 A	理論值 B	
1						
2						
3						

• 表 3　改變不同的電感，但是固定電阻及電容

電阻＝						
電容＝						
次數	電感 L	電阻 R （固定值）	電容 C （固定值）	共振頻率		百分誤差% ＝(B−A) / B
				實驗值 A	理論值 B	
1						
2						
3						

問　題

1. 根據理論公式，影響共振頻率的是電阻、電容、電感當中的哪些因素？

2. 依據實驗記錄表的數據，影響共振頻率的是電阻、電容還是電感？

3. 說明在 RLC 串聯電路中，產生共振現象之條件為何？

4. RLC 串聯電路發生共振時，電壓、電流、阻抗以及電壓與電流間的相位差，各有何特殊現象產生？

討 論

實 驗 ㊽

電晶體特性實驗

目 的

測定各種不同電晶體線路的電流增益和電壓增益。

原 理

半導體的導電性介於導體與絕緣體之間。然而半導體的導電性可經由別種雜質原子的滲入而改變，由雜質原子的不同，使半導體可區分為 P 型與 N 型兩種。電晶體就是由 P 型與 N 型半導體材料所製成，可分為 PNP 及 NPN 電晶體兩種，其構造如圖 48-1。中間特別薄的部分為基極，其餘兩極分別為射極和集極，分別以 B、E、C 表示。

圖 48-1

判別電晶體各腳的方法如圖 48-2 所示。電晶體上有色點（紅、白、綠、藍）者靠近色點的為 C 腳，若三腳排成三角形時，反時針方向依次為 C、B、E 腳。若三腳排成一直線，中間為 B 腳，離 B 腳較近者為 E 腳，另一腳為 C 腳。有的電晶體利用底面做集極，即可用三用電表的最高歐姆檔，量集極與其他兩極之間電阻，如果不管探棒正負極交換都得較高之歐姆值，則表示剩下之極為 B 腳，對於無法確定腳別的電晶體亦可由此法量出。

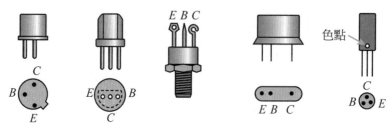

圖 48-2

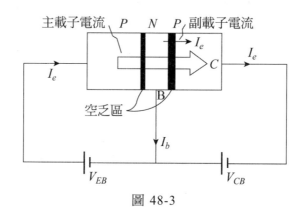

圖 48-3

作為放大作用的電晶體，*EB* 兩極間必須正向偏壓，*CB* 兩極則要反向偏壓，其電流情形如圖 48-3 所示，因為基極很薄由射極進入基極之主載子電流只有很少數被基極捕捉，大部分進入集極之中，所以基極電流很小，只有微安培(μA)，而射極與集極電流則有毫安培(mA)大。故將信號由基極輸入，由集極輸出，則基極微小的變化就可引起集極大量變化，此即電晶體的電流放大作用。

儀　器

電晶體特性實驗儀器（如圖 48-4）、電晶體、連接線。

步　驟

一、直流部分：共射極的直流電流增益

1. 組態選擇開關轉至 *CE* 位置。

2. 連接電流輸出端到電錶的電流輸入端。

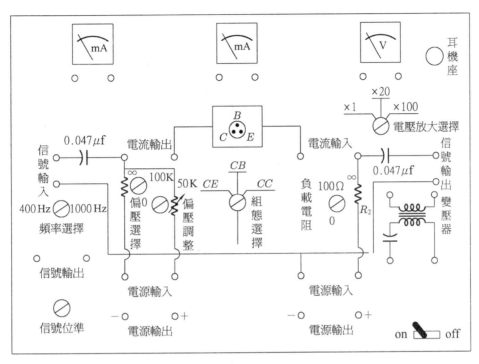

圖 48-4

3. 電源輸入端接連電源。

4. R_1 轉到10K，R_2 為零（即短路）。調整偏壓調整的可變電阻使基極電流 I_b 是10、20、30、40、50 μA等，測量每種情形之集極電流 I_c，求 $I_c/I_b = \beta$，即電流增益。

二、交流部分

（一）共射極線路

1. 組態選擇開關轉至 CE 位置。

2. 將聲頻振盪器接到輸入端。振盪頻率有兩種可自由選擇，先做哪一種皆可。

3. R_1 調到 100K，R_2 = 1K。（如果偏壓調整調到使 A_2 到達最大值後，往回調不能到達 A_2 表最大值的一半時，R_1 改為 10 KΩ。）

4. 偏壓調整轉到使 A_2 表的電流到達一半。

5. 調整輸入信號 V_i 與輸出電壓 V_0 約為 2~4V 中間，記錄輸出及輸入電壓，兩者之比即交流電壓增益。

（二）共基極線路

1. 組態選擇開關轉至 CB 位置。

2. $R_1 = 10K$， $R_2 = 10K$。

3. 調整輸出為 $2\sim4\times10^2$ 伏特，並調整偏壓調整使 I_e 約為 $45\sim70\,\mu A$。

4. 測量輸出與輸入電壓，求電壓增益。

（三）共集極線路

1. 選擇 CC 位置。

2. $R_1 = 10K$ 或 $100K$， $R_2 = 1K$。

3. 調整偏壓調整時，使 I_e 略小於最大偏轉值，且須使偏壓調整能改變 I_b、 I_e，若不能改變則改變 R_1 為 $10K$ 或 $R_2 = 10K$。

4. 測試輸出與輸入電壓，求電壓增益。

實·驗·報·告

實驗 48　電晶體特性實驗

班級＿＿＿＿＿　組別＿＿＿＿＿　日期＿＿＿＿＿

姓名＿＿＿＿＿　學號＿＿＿＿＿　評分＿＿＿＿＿

記 錄

一、直流部分

R_1	R_2	I_b	I_c	共射極直流電流增益 β	
				測量值	平均值

二、交流部分

組態	R_1	R_2	V_1	V_0	電壓增益	
					測量值	平均值
CE						
CB						
CC						

問 題

1. 電晶體為何可以當作功率放大器使用。

2. 說明 P 型半導體與 N 型半導體之區別？

實 驗 ㊾

電子電荷與質量比實驗

目 的

顯示電子在電場、磁場中的行為，並以此測定電子的電荷與質量之比值。

方 法

以陰極射線管中的電子流在電場和磁場下所受的偏轉和其互相抵消的情形來量得電子的速度，並因而求得電子電荷與質量之比值，即通稱的 e/m 值。

原 理

電子的發現是近代科學家能步入微觀世界的一個重要步驟之一，這是一個英國物理學家湯姆遜(J. J. Thomson., 1856~1940)所發現的，他仔細研究了在陰極射線管中的電子流受電場與磁場的影響，而獲得其電荷與質量之比。另一方面，同時代的密立根(R. A. Millikan, 1868~1953)又以著名的油滴實驗獲知電子的電荷，因而把電子的電荷與質量都定了下來。

目前我們所接受的電子電荷為 1.60210×10^{-19} 庫侖，電荷與質量之比值(e/m)為 1.758796×10^{11} 庫侖／仟克。

陰極射線管的構造圖如圖 49-1 所示，管內為高度真空，左端的陰極由燈絲加熱，而使電子從表面脫離出來，加速陽極則維持在一個相當的高壓 V_1（相對陰極而言），可以使電子加速，聚焦陽極則使電子能聚成一束而只打在螢光幕上的一點。

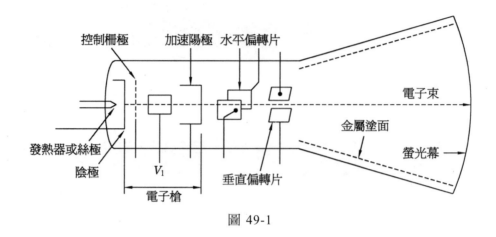

圖 49-1

若加速陽極之高壓為 V_1，而由陰極脫離出來的電子初速可以忽略，那電子速度應有 $v = (2eV_1/m)^{1/2}$。當然在電荷或質量未知時，此值也不可能得知。

經加速後的電子束會通過兩對偏極板，水平的稱 X 板，鉛直的稱 Y 板，在兩對板上若完全不加偏轉電壓時，電子束會沿著 Z 方向直打到螢光幕，而在幕上顯出一個光點。

如果在 X 板上加了 V_2 的電位差，則板中電場為 $E = V_2/d$，如圖 49-2 所示，電子經板中之加速度 $a_x = eE/m$，則此時在螢光幕上之光點會因而在 X 方向偏移一距離為：

$$x = eEL(D + \frac{L}{2})/mv^2 \tag{49-1}$$

式中 L 為 X 板長，d 為 X 兩板間的距離，D 為 X 板至螢光幕的距離。

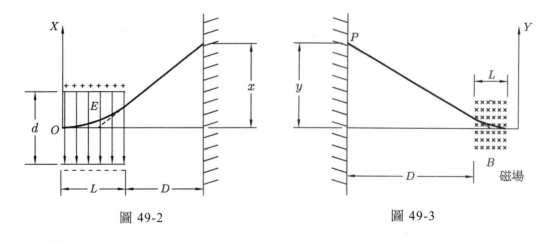

圖 49-2   圖 49-3

　　同樣的，如果在 Y 板上加了電場，則電子在幕上的點會在 Y 方向偏移一段距離。

$$y = eEL(D + \frac{L}{2})/mv^2 \qquad (49\text{-}2)$$

　　另外，當我們加上了 X 方向的磁場 B 時，在完全沒有電場偏轉下，此磁場也會使電子有 $a_y = evB/m$ 的 Y 方向加速度，也因而會使光點在 Y 方向偏離一距離：

$$y = eBL(D + \frac{L}{2})/mv \qquad (49\text{-}3)$$

　　有趣的是，若我們適當的加上 X 方向磁場與 Y 方向電場時，可以將此兩力抵消使得光點依舊在原點，此時由式(49-2)與式(49-3)知：

$$\frac{E}{v} = B \qquad (49\text{-}4)$$

$$\therefore v = \frac{E}{B} \qquad (49\text{-}5)$$

　　很巧妙的把兩邊的電荷與質量都消失了，所以由此電場與磁場比，可以將電子速度求得。

　　當速度已知時，我們可以將電場或磁場關掉，則光點又會離開原點，這時將此距離 y 量出，並將 v 值及陰極射線管中的 D、L 和所加的電場 E 或磁場 B 代入，則：

$$\frac{e}{m} = \frac{yv^2}{EL(D + \frac{L}{2})} \qquad (49\text{-}6)$$

或

$$\frac{e}{m} = \frac{yv}{BL(D + \frac{L}{2})} \qquad (49\text{-}7)$$

　　通常加磁場的方法是以兩個線圈平行的夾在陰極射線管 Y 板的兩旁。依安培定律在一個無窮長的螺線管中，其磁場 B 為：

$$B = \mu_0 nI = K'I$$

其中 n 為單位長度的圈數，I 為通入線圈的電流，μ_0 是導磁係數，其值在空氣中為 $4\pi \times 10^{-7}$ Web/Amp・m。

式(49-8)中 $K' = \mu_0 n$，不過由於實際上的線圈並非無窮長，所以真正的磁場應該和此磁場有個比例，這比例則要看此線圈的幾何形狀及裝置而定。但此磁場該和電流成正比卻是一定的，即 $B=KI$，當然此時的 K 不再是 $\mu_0 n$ 了。

儀 器

電子荷質比裝置（電子顯示器、荷質比控制器），連接線。

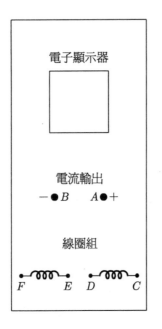
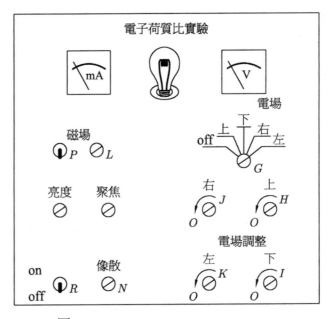

圖 49-4

注 意

本儀器之各種數量如下：

1. 螢幕上每升降一格為 6 mm。

2. 板長 L 為 18 mm。

3. 兩板間距離 d 為 3 mm。

4. 板至螢幕距離 D 為 136 mm。

5. K 值為 $1.75 \times 10^{-2} \, \text{Web}/m^2 \cdot \text{Amp}$。

步　驟

1. 將電場所有旋鈕都左轉至最小位置後，打開電源。

2. 待陰極射線管之螢幕上出現亮點時，調整亮度與聚焦旋鈕，使亮點成為一個亮度適當的小亮度。

3. 調整左、右旋鈕，使亮點剛好在螢幕中心軸上。

4. 觀察此時亮點位置，如在中心點上方，則調整下旋鈕，使亮點正好位於中心點上。此時不可轉動上旋鈕。

5. 將方向控制旋鈕轉至向上位置，此時若轉動上旋鈕，則亮點上移，且伏特計指針，也將偏轉。

6. 在電子顯示器上連接線路如圖 49-5 所示，則 $A-C$，$D-E$，$F-B$。打開磁場電源，轉動磁場旋鈕，觀察此時亮點移動方向。若亮點上移，則需將線路反接，即 $B-C$，$D-E$，$F-A$，保持亮點下移的狀態。因為電場使亮點上移，磁場必須使亮點下移，才能將電力與磁力互相抵消。

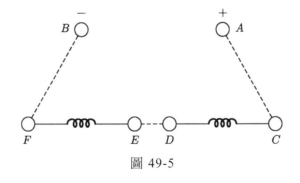

圖 49-5

7. 如果步驟 4 中發現亮點位置在中心點下方，則需調整上旋鈕，使亮點位置在中心點上，而不可調整下旋鈕。同時顯示器上的線路連接必須保持在使亮點上移的狀態。

8. 轉動上旋鈕（或下旋鈕）使亮點上移（或下移）一格，再轉動磁場旋鈕使亮點移回中心點，記錄此時電壓 V 值，電流 I 值。則 $E = V/d$， $B = KI$。

9. 重複步驟 8 直到最大電壓或電流為止。

10. 將所得數據依次代入公式，則可求得 e/m 平均值。

實·驗·報·告

實驗 49　電子電荷與質量比實驗

班級＿＿＿＿＿＿　組別＿＿＿＿＿＿　日期＿＿＿＿＿＿

姓名＿＿＿＿＿＿　學號＿＿＿＿＿＿　評分＿＿＿＿＿＿

記　錄

| 板　　　長 $L=$ | | | | | 板至螢光幕距離 $D=$ | | | |
| 兩板間距離 $d=$ | | | | | | $K=$ | | |

次數	偏向距離 y $(10^{-3}\,\text{m})$	電流 I $10^{-3}\,\text{Amp}$	電壓 V volt	磁場 B $10^{-3}\,\text{tesla}$	電場 E $10^{3}\dfrac{volt}{m}$	速度 v $10^{8}\dfrac{m}{\sec}$	荷質比 e/m $10^{11}\dfrac{c}{kg}$
1							
2							
3							
4							
5							
6							
7							
8							
9							
10							

平均值

問 題

1. 將 e/m 的實驗值與公認值比較百分誤差,並分析誤差來源。

2. 為什麼必須以兩個線圈平行的夾在陰極射線管 Y 板的兩旁當作磁場來源,只用一個線圈不可以嗎?試說明之。

3. 試證明式(49-1),即 $y = eEL(D + \dfrac{L}{2})/mv^2$。

實　驗 ⑤⓪

共鳴管實驗

目　的

用共鳴管測聲音在空氣中傳播的速度或由已知速度求音叉的頻率。

方　法

敲擊一置於共鳴管上方的音叉，調整共鳴管水位，逐一記錄其共鳴位置，則可依已知音叉的頻率求得聲速，或由聲速計算待測音叉的頻率。

原　理

波可定義為介質中由組成介質之粒子振動，而產生的擾動。平常我們所觀察到的很少是一個單波的進行，而是一段連續的波列。一波列經過介質，介質中的所有粒子都作相同的振動。每個粒子的運動只不過比前一粒子稍微遲延，這種遲延我們稱為相差。圖 50-1 表示一由左向右進行的波列介質中的粒子在箭頭所指方向上下振動，任一瞬間，每一粒子在不同層中運動，結果使得介質變型，如曲線所示。在此進行波中相位相同之兩相鄰兩點間的距離，我們稱之為波長。例如 a 與 i 或 c 與 k 的距離。

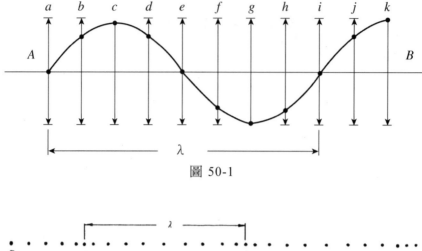

圖 50-1

圖 50-2

　　如圖 50-1 這種粒子振動方向與波進行方向垂直的波稱為橫波,若粒子振動方向與進行方向平行者稱為縱波,聲波即屬後類型。空氣中的粒子(或其他介質)振動,產生一壓縮區和一稀薄區,如圖 50-2 所示擁擠的點表壓縮區 C,稀薄的點表稀薄區 R,所有點沿水平路程運動。此圖並沒有表示出每一粒子的位移。波長的定義與橫波一樣,為相位相同之相鄰兩點間的距離,即兩相鄰壓縮區或稀薄區的距離。

　　波的振幅乃粒子對平衡位置的最大位移與能量有關,聲波的振幅決定聲音之強度。每秒產生的波數叫做頻率,也就是波源每秒的振動數。聲音之頻率決定聲音之音調。波速 v 對頻率 f、波長 λ 有下列關係:

$$v = f\lambda \tag{50-1}$$

　　因此我們只需要量已知頻率之聲波波長,就可決定聲速。

　　恰似弦的橫波在端點反射,沿管中進行的縱波在管的末端也會反射,入射波與反射波干涉的結果,可產生疏密的駐波。簡單的共振管有一開口端一封閉端,聲源置於開口端。假如管的長度適當就會產生駐波,在封閉端反射波與入射波相位差 180°,所以封閉端是節點。在開口端處空氣的粒子十分自由,通常此處是反節點(波腹),因此對頻率為 f(波長已知為 λ)的聲源產生共鳴的管子,最短長度為 $\lambda/4$,如圖 50-3 所示,只要管長為 $\lambda/4$ 的奇數倍都可以和聲源產生共鳴。

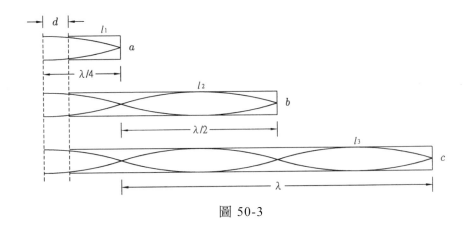

圖 50-3

設共鳴時管長為 l，λ 為波長，n 為共振位置，則：

$$l_n = (2n-1)\frac{\lambda}{4} \tag{50-2}$$

即 $\qquad l_1 = \frac{\lambda}{4}$，$l_2 = \frac{3}{4}\lambda$，$l_3 = \frac{5}{4}\lambda$ $\qquad\qquad$ (50-3)

真正的反節點常位於開口的附近，為離開管口約 0.6 倍管口徑處。設此距離為 d，則式(50-3)變為：

$$l_1 = \frac{\lambda}{4} - d，l_2 = \frac{3}{4}\lambda - d，l_3 = \frac{5}{4}\lambda - d \tag{50-4}$$

所以 $\qquad l_2 - l_1 = l_3 - l_2 = \frac{\lambda}{2}$，$l_3 - l_1 = \lambda$ $\qquad\qquad$ (50-5)

聲音在空氣中（或任何氣體）的傳播速度與介質的物理性質有關，即：

$$v = \sqrt{\gamma \frac{p}{\rho}} \tag{50-6}$$

式中 p 為壓力，ρ 為密度，γ 為定壓比熱與定容比熱之比（空氣之 $\gamma = 1.403$）。由於溫度增加會使空氣密度減小，所以聲速與溫度有關：

$$v_t = v_0(1+\alpha t)^{1/2} \cong v_0(1+\alpha t/2) \tag{50-7}$$

式中 v_t 為 $t°C$ 時之聲速，v_0 為 $0°C$ 時之聲速（空氣之 v_0＝331.45m/s），α 為氣體的膨脹係數（空氣之 α＝0.36650×10^{-2}），所以由式(50-7)得：

$$v_t = 331.45 + 0.6t \tag{50-8}$$

儀 器

共鳴管儀（底座及支柱及夾，共鳴管，貯水槽，橡皮管，米尺），標準音叉，待測音叉，擊錘，溫度計。

1. 敲擊音叉時除用擊錘外，嚴禁以其他物體敲擊或以錘擊桌。
2. 敲擊音叉時，須稍離管口，以免敲到共鳴管。

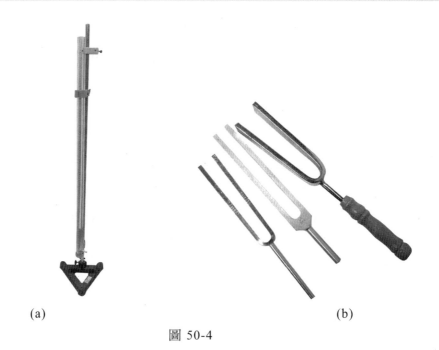

(a)   (b)

圖 50-4

步　驟

一、空氣中的聲速

1. 置水槽於最高處，並將共鳴管注滿水。

2. 以溫度計測量室溫 t 並記錄之。

3. 以擊錘輕敲標準音叉，垂直置於管口上方距管口約 0.6 倍管口半徑處。

4. 徐徐降低貯水槽，使水面下降而增加氣柱的長度，至其與音叉共鳴最強時記錄其長度 l，是為第一共振位置。

5. 此時再稍微提高貯水槽，重複測得第一共振位置共三次。

6. 繼續降低貯水槽，以測得第二共振位置。如管過長則測得第三共振位置。

7. 然後再由下往上，重複上述步驟。

8. 代入公式可計算出聲速並與理論值比較。

二、待測音叉的頻率

1. 取待測音叉重複上述步驟，由聲速與測得之波長可求出音叉的頻率。

實·驗·報·告

實驗 50　共鳴管實驗

班級＿＿＿＿＿＿　組別＿＿＿＿＿＿　日期＿＿＿＿＿＿

姓名＿＿＿＿＿＿　學號＿＿＿＿＿＿　評分＿＿＿＿＿＿

記　錄

一、空氣中的聲速

標準音叉之頻率 $f=$						
共振位置	氣柱增長時		氣柱減少時		氣柱平均值	波長 λ	聲速 V
	1	2	1	2			
1					$l_1=$	$2(l_2-l_1)=$	
2					$l_2=$	$2(l_3-l_2)=$	
3					$l_3=$	$l_3-l_1=$	
						平均值	

二、待測音叉的頻率

共振位置	氣柱增長時		氣柱減少時		氣柱平均值	波長 λ	頻率 f
	1	2	1	2			
1					$l_1 =$	$2(l_2 - l_1) =$	
2					$l_2 =$	$2(l_3 - l_2) =$	
3					$l_3 =$	$l_3 - l_1 =$	

室溫溫度 $t =$ 　　　聲速理論值 $v_t =$

平均值

問 題

1. 比較實驗值與理論值的百分誤差。

2. 溫度一定時,壓力增加,對聲速有何影響?

3. 開口式共振與閉口式共振有何不同?

實 驗 ⑤1

光度測定實驗

目 的

瞭解光度與照度的意義，並利用照度比較器測定光源的光度。

方 法

將一已知光度光源照射在一照度比較器上得到一距離與比較器上電壓的關係，此時換待測光源照射在比較器上，在相同的電壓下，依不同的距離平方比則可計算出待測光源的光度。

原 理

光源的光度 I 通常以燭光(Candle)來表示。光源向四周發出的光輻射線稱為輻射通量，然而對人的眼睛而言，僅有部分的輻射通量可以看到，此可見的光剩稱為照明通量 F，在距離一燭光的光源一米處所落在一平方公尺表面上的照明通量稱一個流明(Lumen)，即：

$$F = 4\pi I \tag{51-1}$$

光照射到物體表面上時，每單位面積 A 上所照明通量之流明數，稱為照度 E，即：

$$E = \frac{F}{A} \tag{51-2}$$

照度的單位是流明／平方公尺，稱為勒克斯(Lux)。如照射的面積為一球面，則：

$$E = \frac{F}{4\pi R^2} = \frac{4\pi I}{4\pi R^2} = \frac{I}{R^2} \tag{51-3}$$

這方程式敘述點光源照射到距離 R 處的面的照度是正比於光度，反比於距離的平方。

我們的眼睛並沒有辦法比較一個光源的強弱，因此我們可以採用照度比較器作為比較的標準。照度比較器中有一半導體材料，當照射到其表面的照度改變時，比較器內的電路將指示電壓產生變化。若有兩光源先後以不同距離 R_1，R_2 在照度比較器上得到相同的電壓，亦即表示它們有相同的照度，則：

$$E = \frac{I_1}{R_1^2} = \frac{I_2}{R_2^2} \tag{51-4}$$

如果光源 1 的光度 I_1 為已知，則 I_2 的光度亦可計算出來了，即：

$$I_2 = (\frac{R_2}{R_1})^2 I_1 \tag{51-5}$$

儀 器

光學台，照度比較器，光具滑座，光源，待測光源，接光器，耳機線。

步 驟

1. 打開照度比較器和已知光源的電源。調整光源與接光器的距離，使照度比較器的電壓為 10 伏特，並記錄此時距離。

2. 繼續移動光源，當照度比較器的電壓每增加 5 伏特時就記錄其距離，直到 25 伏特時為止。

3. 將光源換成待測光源，調整光源與接光器的距離，使照度比較器的電壓與步驟 1、2 所量時一樣，並記錄每次的距離。

4. 換另一待測光源，重複上述步驟，便可從式(51-5)得到待測光源的光度了。

實·驗·報·告

實驗 51　光度測定實驗

班級＿＿＿＿＿＿　組別＿＿＿＿＿＿　日期＿＿＿＿＿＿

姓名＿＿＿＿＿＿　學號＿＿＿＿＿＿　評分＿＿＿＿＿＿

記　錄

一、多晶矽

距離＿＿＿＿＿＿

東									
90	80	70	60	50	40	30	20	10	
西									
0	10	20	30	40	50	60	70	80	90

距離＿＿＿＿＿＿

東									
90	80	70	60	50	40	30	20	10	
西									
0	10	20	30	40	50	60	70	80	90

二、單晶矽

距離＿＿＿＿＿＿＿

東									
90	80	70	60	50	40	30	20	10	
西									
0	10	20	30	40	50	60	70	80	90

距離＿＿＿＿＿＿＿

東									
90	80	70	60	50	40	30	20	10	
西									
0	10	20	30	40	50	60	70	80	90

問 題

1. 試述本實驗誤差來源。

2. 若將本實驗移至暗房中操作，其精確度是否較為良好？何故？

討 論

實 驗 ⑤②

光度測定實驗（數位化實驗）

儀 器

光學軌道、光源，光感應器、750 介面。

步 驟

1. 在水平桌面設裝設光學軌道。把基本光學光源放在標示為 0 公分的地方。

2. 把光感應器固定在光學輔助器上。把光學輔助器架設在支撐座上。把支撐座放在光學工作台上。

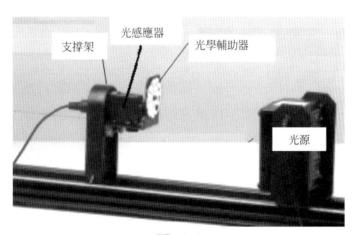

圖 52-1

3. 旋轉光學輔助器上的孔盤(Aperture Disk)，讓圓形孔正對光感應器。

4. 把光感應器移到距離光源 10 公分的地方，並且打開光源。

電腦實驗數據收集

> 在開始記錄數據之前，先讀過所有的實驗程序。

1. 點選光感應器，之後在資料顯示欄選擇「數字表」，將其拖曳到光感應器上。

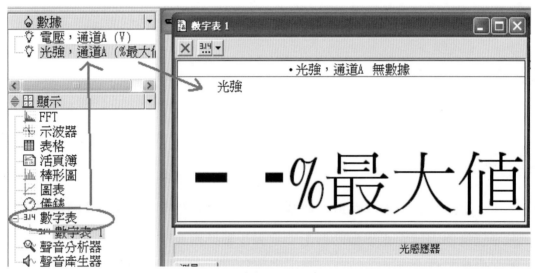

圖 52-2

2. 按下開始(▶ Start)按鈕，開始記錄光強度。

3. 把光感應器向後移動 4 公分，按下記錄按鈕，輸入距離數值。再把感應器往後移 4 公分，重複前述步驟。持續進行相同步驟，直到距離為 220 公分。按下停止(■)按鈕。

4. 改變光強度：取另外一個不同強度光源，重複上述步驟，並記錄數據。

實·驗·報·告

實驗 52　光度測定實驗
（數位化實驗）

班級＿＿＿＿＿＿　　組別＿＿＿＿＿＿　　日期＿＿＿＿＿＿

姓名＿＿＿＿＿＿　　學號＿＿＿＿＿＿　　評分＿＿＿＿＿＿

記　錄

一、解釋以下的名詞

· 光(light)：

二、記錄表

待測光源 1		待測光源 2	
距離	光感應器度	距離	光感應器
4		4	
8		8	
12		12	
16		16	
20		20	
24		24	
28		28	

三、結果預測

1. 當距離增加時，你認為光強度會如何改變？

2. 你認為光源的距離和量測到的光強度之間有什麼關係？

四、實驗數據(Data)

以光強度對距離作圖。（注意：不要忘記標示圖形。）

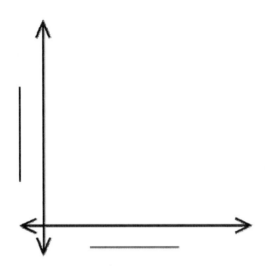

五、分　析

· 以光強度對距離作圖，圖形是什麼形狀？

問 題

1. 對於光強度和距離的關係，你可以得出什麼結論？

2. 你的結果支持你的預測嗎？

3. 試述本實驗誤差來源。

4. 若將本實驗移至暗房中操作，其精確度是否較為良好？何故？

實 驗 ⑤③

光之干涉繞射實驗

目 的

研究光經狹縫的干涉與繞射現象，並進而求得不同顏色光之波長。

原 理

　　光具有波動之性質，而最能證明其波動性質乃在於光具有干涉與繞射現象。在一不透明簾幕上挖兩個窄縫 A 與 B，如圖 53-1 所示，今有一單色光源 S 置於兩狹縫之前，則該光分別穿過兩狹縫之後，在一遠處白色簾幕上顯現了明暗相間的條紋，這就是波的干涉現象所造成的。由此即可證明光具有波動的性質，第一個從事這個實驗的是 1801 年的楊氏，故又稱楊氏實驗。

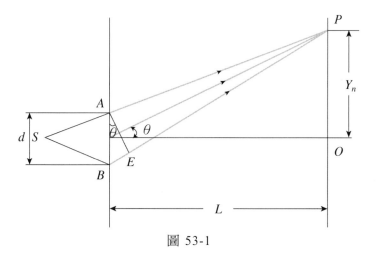

圖 53-1

如圖 53-1 所示，屏上 P 點至兩狹縫間之距離差 $BP - AP = BE$，BE 稱為光分別由 A 與 B 兩狹縫到 P 點所走的光程差 Δ。$L \gg d$，則可視 $AE \perp BP$。若光程差剛好為半波長的偶數倍時，則有建設性的干涉，P 點呈現亮點。即：

$$\Delta = d \sin\theta = n\lambda \tag{53-1}$$

$$\because \theta \text{ 很小} \qquad \therefore \sin\theta \approx \tan\theta \qquad \therefore \sin\theta = \frac{Y_n}{L}$$

故 $\qquad \Delta = d\sin\theta = d\frac{Y_n}{L} = n\lambda \tag{53-2}$

若光程差為半波長的奇數倍時，則有破壞性干涉，P 點呈現黑暗。

即 $\qquad \Delta = d\sin\theta = d\frac{Y_n}{L} = (n - \frac{1}{2})\lambda \tag{53-3}$

其中 λ 為光之波長，n 為任意整數。由對稱關係，由圖 53-1 可看出，在白屏上，O 點之上下側之情況完全相同，即白幕上所得之干涉條紋必對稱於 O 點。

另一方面而言，由惠更斯原理(Huygens' principle)，可知當平面波進入一狹縫時，則在狹縫上之各點，可視為一列新波源，彼此同相。今由此一新波源所發出之波，必然依照波之重疊原理相互干涉，而產生干涉條紋。如圖 53-1 所示，設 W 為單狹縫的寬度。λ 為所用光波的波長，θ' 為幕上一點與狹縫中心的連線對中心線所成的夾角，則在 P 點產生繞射情形為：

第一條暗線

$$\frac{W}{2}\sin\theta' = \frac{1}{2}\lambda \quad, \quad \therefore W\sin\theta' = \lambda$$

故破壞性繞射條紋：$W\sin\theta' = W\frac{Y_n}{L} = n\lambda \tag{53-4}$

而建設性繞射條紋：$W\sin\theta' = W\frac{Y_n}{L} = (n - \frac{1}{2})\lambda \tag{53-5}$

其中 n 為正整數，$n=0$ 時中央亮線，繞射條紋也對稱於 O 點。

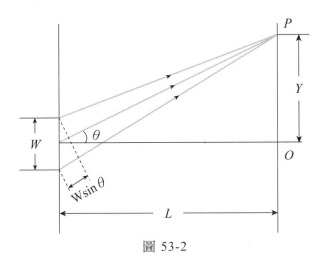

圖 53-2

儀 器

　　強光源及其附屬電源 1 付，濾光片（紅、綠、藍等）1 組，雙狹縫（不同距離，距離要標明）2 片，單狹縫（不同寬度，寬度要標明）2 片，光學台一座，白屏一個，帶柄彈簧夾三個。

步 驟

一、雙狹縫干涉

1. 將儀器裝置如圖 53-3 所示。

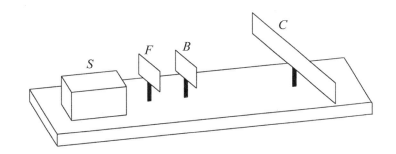

圖 53-3　干涉或繞射實驗的位置圖。S＝強光源，F＝濾光片，B
　　　　　＝雙狹縫（干涉實驗）或單狹縫（繞射實驗），C＝有
　　　　　刻度之屏幕。

2. 打開光源,調整雙狹縫片及屏幕之位置,使干涉條紋正好在屏上中央位置,且兩邊正好對稱中央亮帶。

3. 記錄屏上各暗帶之位置 Y_n(即 Y_1 為中央 O 點與第一暗帶之距離,Y_2 則為中央 O 點與第二暗帶之距離……),測量屏與狹縫之垂直距離 L。

4. 將所得之 Y_n,L 及雙狹縫距離 d 代入公式(53-3),計算使用光的波長。

5. 改變不同狹縫距離之雙狹縫,重複上述之步驟。

6. 更換濾光片,再重複 1~5 之步驟。

二、單狹縫繞射

7. 裝置如圖 53-3 所示,僅將雙狹縫改為單狹縫。

8. 同步驟 2、3 量出各暗帶之位置 Y_n,及屏與狹縫之垂直距離 L,狹縫寬度 W,代入公式(53-4),算出所用光之波長。

9. 更換不同寬度之單狹縫或濾光片,重複 7、8 之步驟。

附 表

● 表 53-1　各種顏色光之波長($\overset{\circ}{A}$)

顏　色	紅	橙	黃	綠	藍	紫
波　長	6700	6100	5900	5300	4700	4100

實驗報告

實驗 53　光之干涉繞射實驗

班級＿＿＿＿＿＿　組別＿＿＿＿＿＿　日期＿＿＿＿＿＿

姓名＿＿＿＿＿＿　學號＿＿＿＿＿＿　評分＿＿＿＿＿＿

記　錄

一、雙狹縫干涉

濾光片 （顏色）	雙狹縫 距離(d)	L	暗　線		波　長			
			n	Y_n	測量值	平均值	公認值	百分誤差
紅								
綠								

濾光片 （顏色）	雙狹縫 距離(d)	L	暗　線		波　長			
			n	Y_n	測量值	平均值	公認值	百分誤差
藍								

二、單狹縫繞射

濾光片 （顏色）	單狹縫 寬(W)	L	暗　線		波　長			
			n	Y_n	測量值	平均值	公認值	百分誤差
紅								
綠								
藍								

問　題

1. 描繪雙狹縫所產生的干涉、繞射條紋。

2. 對同一片濾光片，利用雙狹縫干涉和單狹縫繞射所計算出之波長一致嗎？

3. 繞射之中央亮帶，其寬度與其他亮帶有否不同？

4. 若不用濾光片，且使用非單色光源時，屏上應有何現象？

實 驗 ⑤④

光之干涉繞射實驗
（數位化實驗）

儀 器

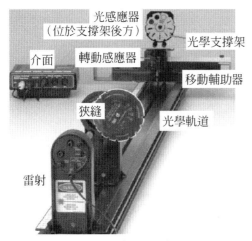

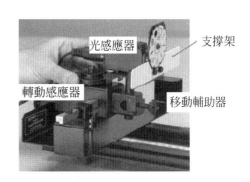

圖 54-1　儀器架設關係圖　　　圖 54-2　光感應器及相關儀器相關位置圖

步 驟

1. 將雷射、單狹縫、移動輔助器、光學支撐架、光感應器及轉動感應器架設在光學軌道上，相關的位置如圖 54-1 及圖 54-2 所示，其中雷射與狹縫的位置越遠越好。

2. 開啟雷射（注意：雷射光會損傷眼睛，眼睛千萬不可直視雷射光），調整雷射光以及狹縫轉盤，使雷射光可以正接透過狹縫，並投射在光學支撐架的圓盤上。（注意：干涉條紋必須呈水平，可以利用狹縫轉盤調整。）

3. 將光感應器接到 750 介面的通道 A；將轉動感應器的黃色端接到 750 介面的通道 1，黑色端則接到 750 介面的通道 2。

4. 將轉動感應器推到移動輔助器的末端。

5. 開啟 DataStudio，並選取光感應器以及轉動感應器。

6. 點選轉動感應器圖形，選擇測量位置，取樣率 50 Hz，如圖 54-3。

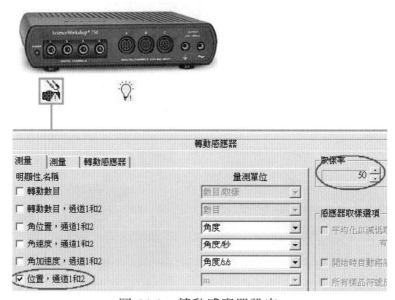

圖 54-3　轉動感應器設定

7. 點選光感測器圖形，選取「光強度」，如圖 54-4。

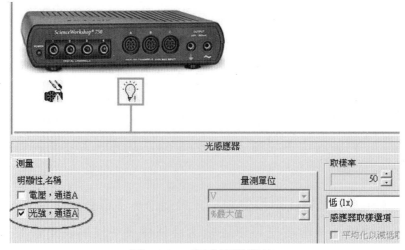

圖 54-4　光感應器設定

8. 點選圖表，拖曳到「光強，通道 A」，會出現一個「圖表 1」的視窗，將滑鼠放在橫軸上，再點選「位置，通道 1 和 2」（如圖 54-5），使圖形的縱軸為光強度，橫軸為位置（如圖 54-6）。

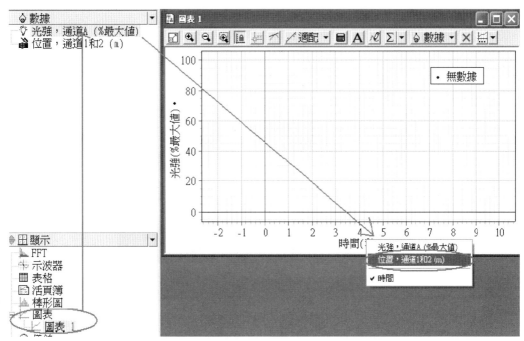

圖 54-5　座標軸設定

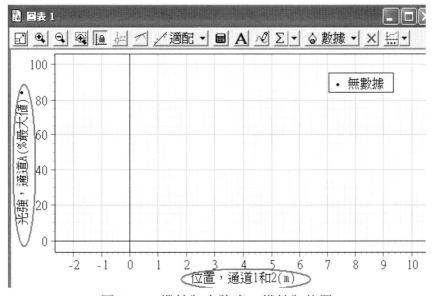

圖 54-6　縱軸為光強度，橫軸為位置

9. 按下「啟動」開始進行數據收集，並且緩慢移動轉動感應器。可得到不同位置的光強度。若圖形不清楚，則放慢移動速度或增加取樣率，數據結果如圖54-7。

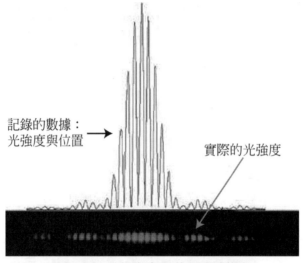

記錄的數據：
光強度與位置

實際的光強度

圖 54-7　光強度與位置關係圖

10. 量測亮度的量間，取亮區或暗區的中間作為光強極大或極小的位置，並記錄在記錄表中。

11. 更換不同的狹縫，重複上列步驟。

實·驗·報·告

實驗 54　光之干涉繞射實驗（數位化實驗）

班級＿＿＿＿＿＿　　組別＿＿＿＿＿＿　　日期＿＿＿＿＿＿

姓名＿＿＿＿＿＿　　學號＿＿＿＿＿＿　　評分＿＿＿＿＿＿

（註：以下實驗報告內容為聯合大學共同科黃明輝老師所編）

記　錄

一、單狹縫(single slit set)繞射

1. 轉到 Variable slit，變換狹縫間距，觀察並回答下列問題：

(1) 繞射條紋的方向與狹縫方向的關係

(2) 繞射條紋與狹縫寬度的關係

2. 轉到 single slit，測量四種不同寬度(a)時，中央亮紋寬度與暗紋間距 Δx，中央亮紋的光強度與兩側第一亮紋的光強度，檢驗其光強的比值。設計表 1，將上面的結果填入。保留一張圖。回答下列問題：

(1) 比較 Δx 理論預測值與實驗值的誤差。

(2) 中央亮紋寬度與 a 的關係？

(3) 暗紋間距 Δx 與 a 的關係？

• 表 1 間距與光強度記錄表（註：不同狹縫寬度需使用不同記錄表）

單狹縫寬度＝ mm		
實驗數據記錄	中央亮紋寬度與暗紋間距 Δx	中央亮紋的光強度與兩側第一亮紋的光強度
1		
2		
3		
4		
5		
6		
7		
8		
9		
10		
11		
12		
13		

3. 轉到 line slits，觀察並回答下列問題：

(1) 描繪暗線繞射紋。

(2) 比較暗線的繞射紋與單狹縫的繞射紋。

(3) 暗紋間距 Δx 與 a 的關係？

4. 轉到 circular apertures，觀察並回答下列問題：
   (1) 描繪圓孔繞射 airy disk 紋路。

   (2) 第一暗紋直徑與圓孔直徑的關係？

5. 轉到 patterns，觀察並回答下列問題：
   (1) 描繪各不同形狀之繞射紋。

   (2) 比較繞射紋與孔的形狀的關係？

二、多狹縫(multiple slit set)干涉

1. 轉到 Variable double slit，變換狹縫間距，觀察並回答下列問題：

    (1) 干涉條紋的方向與狹縫方向的關係

    (2) 干涉條紋與狹縫間距的關係

2. 轉到 double slits，測量四種不同組合(a, d)時，亮紋間距與暗紋間距 Δx，保留這四張干涉圖。設計表 2，將上面的結果填入。回答下列問題：

    (1) 比較 Δx 理論預測值與實驗值的誤差。

    (2) d 相同 a 不同時，干涉條紋有何不同？

    (3) a 相同 d 不同時，干涉條紋有何不同？

(4) a 與 d 的比值，對中央繞射區（兩極小值之間）的干涉條紋數目有何關係？

● 表 2　間距與光強度記錄表（註：不同狹縫寬度需使用不同記錄表）

雙狹縫寬度：a =＿＿＿＿mm，b =＿＿＿＿mm		
實驗數據記錄	中央亮紋寬度與暗紋間距 Δx	中央亮紋的光強度與兩側第一亮紋的光強度
1		
2		
3		
4		
5		
6		
7		
8		
9		
10		
11		
12		
13		

3. 轉到 Multiple slits，測量 多狹縫(2-5)時，亮紋間距與暗紋間距 Δx。設計表 3，
   將上面的結果填入。狹縫數增加時，干涉條紋有何不同？

● 表 3　間距與光強度記錄表（註：不同狹縫寬度需使用不同記錄表）

可變狹縫寬度＝_____mm		
實驗數據記錄	中央亮紋寬度與暗紋間距 Δx	中央亮紋的光強度與兩側第一亮紋的光強度
1		
2		
3		
4		
5		
6		
7		
8		
9		
10		
11		
12		
13		

討　論

實 驗 ⑤⑤

折射率測定實驗

目 的

　　測定液體和固體的折射率，並驗證斯涅爾定律。

方 法

1. 將盛放待測液體的半圓皿放置在方格紙上，在圓心及前緣稍遠處各插一插針當做入射光線，然後在後緣透過液體循著其延長線上任一點插上插針，即為折射光線，依斯涅爾定律可計算此液體的折射率。

2. 將壓克力磚同樣的放置在方格紙上，在其前方任意插二插針當作入射光線，透過壓克力磚在後方的延長線上任意兩點插上插針當作為兩次折射後與入射光線平行的折射光線，依斯涅爾定律亦可計算出其折射率。

原 理

　　光由一介質進入另一介質時，方向會產生偏折，這種現象稱為折射。如圖 55-1 所示，MM' 為界面，NN' 為垂直於 MM' 的直線，稱為法線，兩線相交於點 O，PO 為入射線，OQ 為折射線，θ_1 為入射線與法線的夾角，稱入射角，θ_2 為折射線與法線的夾角，稱折射角，且依斯涅爾定律(Snell's Law)，則有：

$$\frac{\sin\theta_1}{\sin\theta_2}=n_{21} \tag{55-1}$$

其中 n_{21} 稱光線由介質 1 進入介質 2 的折射率或介質 2 對介質 1 的相對折射率。

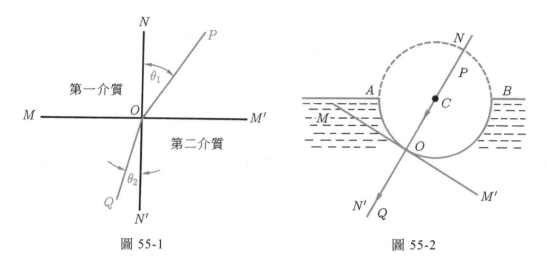

圖 55-1   圖 55-2

　　假如界面為圓的一部分，如圖 55-2 之 AOB。當入射光線 PO 經圓心 C 而通過切線 MM' 時，其入射線必與 NN' 重合，故入射角 $\theta_1 = 0°$，則依斯涅爾定律知，其折射角 θ_2 亦等於 0。即入射線，折射線與法線三者重合，在此特殊情形下，光線不會產生偏折。

　　另外，我們也知道，相對折射率即為兩種不同介質中光速的比值。

$$n_{21}=\frac{v_1}{v_2} \tag{55-2}$$

　　設光在真空中的速度為 C，則 C 與介質中的光速 v 的比值稱為絕對折射率，以 n 表示之，即：

$$n=\frac{C}{v} \tag{55-3}$$

　　由於 v 恆比 C 小，所以絕對折射率恆比 1 大。由式(55-2)與式(55-3)知，介質 2 對介質 1 的相對折射率 n_{21} 等於介質 2 和介質 1 二者的絕對折射率 n_2 和 n_1 之比值：

$$n_{21} = \frac{n_2}{n_1} \tag{55-4}$$

所以 $\qquad n_{12} = \frac{n_1}{n_2} \tag{55-5}$

由式(55-4)及(55-5)亦可知光是具有可逆性的。由於光的可逆性，光由第一介質經界面進入第二介質後再回到第一介質時，其透射光線必與原入射光線平行。

儀 器

半圓皿，待測液體（水、酒精、甘油），壓克力磚，方格紙，插針，量角器。

1. 半圓皿與壓克力磚前緣必與方格紙上的橫軸確實對齊。
2. 插針必須插直，勿使歪斜，且以觀察插點為準。

步 驟

一、液體（水、甘油、酒精）

1. 在方格紙中央畫二互相垂直線 MM' 與 NN' 並相交於 O 點，然後固定在桌上。

2. 在半圓皿內注入待測液體，並將其前緣與 MM' 線對齊，圓心調整在 O 點並插上插針。

3. 在半圓皿前任何一點垂直插一插針，並於其旁標記為 P_1 點。

4. 在半圓皿後約與皿等高的位置，透過皿中液體注視 P_1 與 O 點插針，取另一插針左右移動，直至三根插針在視線上重合為止，此時標記此點為 Q_1 點。

5. 拔去 P_1、Q_1 點的插針，並重複步驟 3、4 數次，共獲得五組 P、Q 點位置。

6. 移去半圓皿及 O 點插針，連接各組入射線與折射線，並依次以量角器量得各組的入射角與折射角，代入式(55-1)，即可計算出折射率與其平均值。

7. 半圓皿改盛其他液體，重複上述實驗。

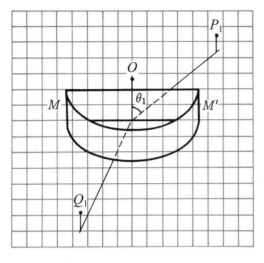

圖 55-3

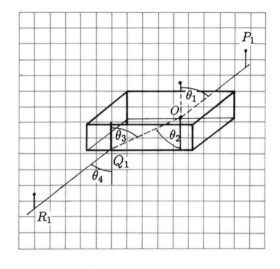

圖 55-4

二、壓克力磚

8. 在方格紙上畫出界面線與法線，同步驟 1。

9. 將壓克力磚置於方格紙上，使前緣與橫軸切齊，並在前緣中央對正 O 點處插一插針。

10. 在壓克力磚前方任意點插一插針，記為 P_1 點。

11. 在靠近壓克力磚後緣插一插針 Q_1，使 P_1、O 與 Q_1 三插針透過視線後重合於一線。

12. 在稍遠處再插另一插針 R_1，作法同步驟 11。則 $Q_1 R_1$ 即為入射光線 $P_1 O$ 經過兩次折射後與之平行的透射光線。

13. 拔去 P_1、Q_1、R_1 的插針，並重複步驟 10、11、12 數次，共獲得五組數據的位置。

14. 移去壓克力磚與 O 點上的插針，連接各組入射線、折射線與透射線（如圖 55-4 所示），並依次以量角器量得各組的 θ_1、θ_2、θ_3、θ_4，代入式(55-1)計算其折射率後平均之。

附　表

● 表 55-1　液體之折射率

物　質	酒　精	乙　醚	甘　油	石　油	水	壓克力磚
折射率	1.3625	1.3538	1.4730	約 1.4	1.3332	1.50

實驗報告

實驗 55　折射率測定實驗

班級_____　組別_____　日期_____

姓名_____　學號_____　評分_____

記　錄

一、水

次數	入射角		折射角		折射率
	θ_1	$\sin\theta_1$	θ_2	$\sin\theta_2$	n_{21}
1					
2					
3					
				平均值	

二、甘油

次數	入射角		折射角		折射率
	θ_1	$\sin\theta_1$	θ_2	$\sin\theta_2$	n_{21}
1					
2					
3					
				平均值	

三、酒精

次數	入射角		折射角		折射率
	θ_1	$\sin\theta_1$	θ_2	$\sin\theta_2$	n_{21}
1					
2					
3					
				平均值	

四、壓克力磚

次數	θ_1	θ_2	θ_3	θ_4	$n_{21} = \dfrac{\sin\theta_1}{\sin\theta_2}$	$n_{34} = \dfrac{\sin\theta_4}{\sin\theta_3}$	$n' = \dfrac{n_{21} + n_{34}}{2}$
1							
2							
3							
						平均值	

問 題

1. 試比較各種液體與壓克力磚其在實驗值與公認值的誤差。

2. 證明一光線自一介質經多個平行平面的折射後，其透射光線與入射光線平行。

3. 試說明當光線自水進入空氣後，若入射角由 0° 漸增至 90°，則其折射光線將有何種變化？

討　論

實 驗 ㊱

薄透鏡實驗

目 的

測定凸透鏡、凹透鏡的焦距。

方 法

將凸透鏡或凹透鏡置於光線（含十字矢孔）與光屏之間，移動凸透鏡（凹透鏡）或光屏使成像清晰，量出物距與像距，依透鏡成像公式則可求出該凸透鏡或凹透鏡之焦距。

原 理

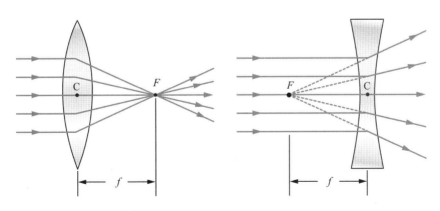

圖 56-1

凡透鏡厚度與其球面之曲率半徑之比值為甚小時，即可視為薄透鏡。薄透鏡一般可分為凸透鏡與凹透鏡兩種。當平行於主軸的光線經透鏡折射後，集中在主軸上

某一點或似自主軸上某一點發出，此點稱為透鏡之焦點 F，其至透鏡中心之距離則稱為透鏡之焦距 f，如圖 56-1 所示。凸透鏡之焦點為實焦點，其焦距取正值；凹透鏡之焦點為虛焦點，其焦距取負值。

設物體距離中心之距離（物距）為 p，其所成之像距鏡中心之距離（像距）為 q，則由透鏡成像公式知：

$$\frac{1}{p} + \frac{1}{q} = \frac{1}{f} \tag{56-1}$$

其中實物與實像的 p，q 值為正，虛物和虛像為負。

一、凸透鏡

由光的可逆性，知光源與光屏間的距離 D 為固定時，移動透鏡的位置，在光屏上可有兩次成像，如圖 56-2 所示。由圖 56-2b 之幾何關係知：

$$p + q = p' + q' = D$$
$$q - q' = p - p' = d$$

又 $p' = q$，$q' = p$，且代入式(56-1)得：

$$f = \frac{D^2 - d^2}{4D} \tag{56-2}$$

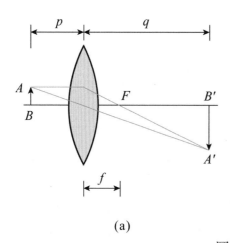

(a)

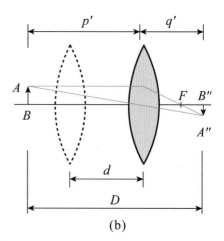

(b)

圖 56-2

因此，只要知道光源與光屏的距離 D 及兩成像透鏡間的距離 d 時，同樣的可求出凸透鏡的焦距 f。此法稱為共軛法(Conjugate method)，而成像的兩個位置稱為共軛點，並由圖 56-2 可知此二共軛像必為一大一小。

二、凹透鏡

因為凹透鏡為一發散透鏡，當平行光束照射後所生成的像與物永遠在鏡的同一邊，因此如圖 56-3 所示，在光源與凹透鏡之間加一凸透鏡，可使光線會聚到凹透鏡右端，成為凹透鏡之虛光源，如此則可在右邊稍遠處的光屏找到其成像位置了。其成像公式亦為：

$$\frac{1}{p} + \frac{1}{q} = \frac{1}{f} \tag{56-3}$$

但此時 p 為負值，q 為正值，f 為負值。

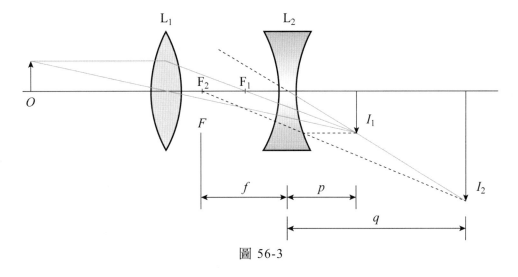

圖 56-3

儀　器

光學台，光具滑座，光源，透鏡夾，十字矢孔，光屏，凸透鏡組，凹透鏡組。

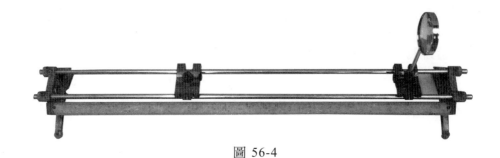

圖 56-4

光源、十字矢孔、透鏡與光屏所形成的主軸必須保持水平。

步　驟

一、凸透鏡成像

1. 將光源與十字矢孔放置在光學台一端，他端則置一白色光屏，其間放置待測凸透鏡。

2. 調節透鏡或光屏的位置，使光屏上成像至清晰為止。記錄此時物距 p 與像距 q，代入式(56-1)，即得焦距 f。

3. 重複兩次步驟 2，分別找出成像位置並計算其焦距而平均之。

4. 取另一個凸透鏡重複上述步驟。

二、凸透鏡共軛成像

5. 調整光源與光屏之距離使大於 $4f$，並量其距離 D。置凸透鏡於其間，移動透鏡，找出成像的兩個位置（共軛點），並量取其間之距離為 d，代入式(56-2)，即得焦距 f。

6. 改變距離 D，重複步驟 5，再求得兩次焦距並取其平均值。

7. 取另一凸透鏡，重複上述步驟。

三、凹透鏡成像

8. 先在光源與光屏之間置一已知焦距之凸透鏡，使其成像並記錄成像位置。

9. 再置待測凹透鏡於凸透鏡與光屏之間，緩慢移動光屏至其清晰成像為止，記錄此時凹透鏡與成像位置。

10. 參照圖 56-3，測量出物距 p 及像距 q，代入式(56-3)即可求得焦距 f。

11. 改變凸透鏡位置，重複步驟 9、10 兩次，求其焦距後取其平均值。

12. 取另一凹透鏡，重複上述步驟。

實驗報告

實驗 56 薄透鏡實驗

班級_____ 組別_____ 日期_____

姓名_____ 學號_____ 評分_____

記 錄

一、凸透鏡成像

種 類	次 數	物距 p	像距 q	焦距 f	平均值 f
透鏡 1	1				
	2				
	3				
透鏡 2	1				
	2				
	3				

二、凸透鏡共軛成像

種　類	次　數	D	d	焦距 f	平均值 f
透鏡 1	1				
	2				
	3				
透鏡 2	1				
	2				
	3				

三、凹透鏡成像

種　類	次　數	物距 p	像距 q	焦距 f	平均值 f
透鏡 1	1				
	2				
	3				
透鏡 2	1				
	2				
	3				

問　題

1. 試分析在凸透鏡共軛成像時，為何需取值 $D > 4f$？

2. 討論物體在焦點內外，其凹凸透鏡所生成之像為放大或縮小，為實像或虛像？

3. 試分析比較凸透鏡兩種成像方法中何者為優？

實 驗 ㊗

望遠鏡及顯微鏡原理實驗

目 的

研究望遠鏡、顯微鏡之成像原理,並測量其放大率。

原 理

一、望遠鏡

由二透鏡組合構成一簡易的望遠鏡,望遠鏡上之物鏡焦距,較目鏡之焦距為長,而且物鏡之孔徑亦較目鏡之孔徑為大,並且望遠鏡之物鏡的第二焦點幾乎與目鏡之第一焦點重合,如下圖 57-1 所示:

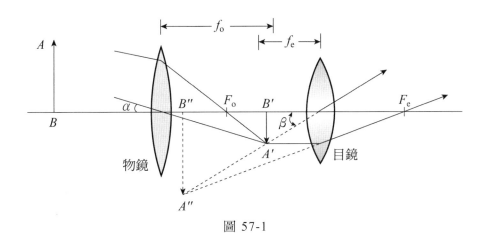

圖 57-1

所以望遠鏡之長度（即物鏡與目鏡之距離）幾乎為物鏡與目鏡之焦距和。如圖 57-1，光線自遠處之物體射入物鏡後，在望遠鏡管內形成一高為 $A'B'$ 之倒立實像。而目鏡猶如一簡單之放大鏡，再將此實像加以放大，而形成一虛像 $A''B''$ 於明視距離處。

望遠鏡之角度放大率為最後的虛像 $A''B''$ 在目鏡處所夾之角度 β 與物體在物鏡處所形成之角度 α 之比值。若物體在遠處時，則：

$$\alpha \approx \text{small} \, , \quad \beta \approx \text{small}$$

因此 $\quad \tan\alpha \approx \alpha \, , \quad \tan\beta \approx \beta$

而 $\quad \tan\alpha = \dfrac{A'B'}{f_0} \, , \quad \tan\beta = \dfrac{A'B'}{f_e}$

故角度放大率

$$M = \beta/\alpha = \tan\beta/\tan\alpha = \dfrac{f_0}{f_e} \tag{57-1}$$

即 $\quad M = \dfrac{f_0}{f_e} \tag{57-2}$

角度放大率 β/α，亦即遠方之待觀測物大小與其像大小之比值，欲測此角度放大率亦可用下法：

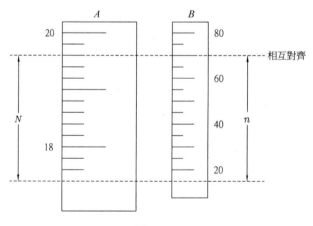

圖 57-2

　　取二米尺 A、B，分別套上二橡皮圈，設 A 尺橡皮圈間隔為 N，將其置於遠處，調整望遠鏡使能清晰地由鏡內觀測到 A 尺之二橡皮圈；另取 B 尺置於明視距離處，調整 B 尺之二橡皮圈距離，使能以一眼由望遠鏡中觀察 A 尺上之二橡皮圈，另一眼由鏡外觀察 B 尺上之二橡皮圈，使二尺上之塑皮圈能相互對齊，此時設 B 尺橡皮圈距離 n 如圖 57-2 所示，故望遠鏡之放大率為：

$$M = \frac{n}{N} \tag{57-3}$$

　　若所觀測之物體並非甚遠時，則此望遠鏡之放大率為目鏡之放大率 M，與物鏡之放大率 M_0 之乘積。因為長為 AB 之物體被置於物鏡之焦距外，其距離設為 P_0，而所生長為 $A'B'$ 之像位於物鏡後方 q_0 之距離處，且距目鏡為 P_e，最後 $A''B''$ 之像呈現於明視距離為 D 處，則物鏡、目鏡之放大率分別為：

$$M_0 = \frac{A'B'}{AB} = \frac{q_0}{P_0} \quad , \quad M_e = \frac{A''B''}{A'B'} = \frac{D}{P_e} \tag{57-4}$$

因　$\dfrac{1}{P_e} + \dfrac{1}{(-D)} = \dfrac{1}{f_e}$　，$\therefore P_e = \dfrac{Df_e}{D + f_e}$　，代入上式得：

$$M_e = \frac{D}{f_e} + 1 \tag{57-5}$$

所以望遠鏡之放大率為：

$$M = \frac{A''B''}{AB} = M_0 M_e = \frac{q_0}{P_0}\left(\frac{D}{f_0} + 1\right) \tag{57-6}$$

對視力不同的人而言，倍率值當然有所不同。

二、顯微鏡

　　由二透鏡組合構成一簡易顯微鏡，顯微鏡上之目鏡焦距 f_e，較物鏡之焦距 f_0 為長，而且目鏡之孔徑亦較物鏡之孔徑為大。其成像如圖 57-3 所示長為 AB 之微小物體置於物鏡之焦點外，而使在顯微鏡管內形成一比原物大之倒立實像 $A'B'$，此像

位於目鏡之焦點內，再經目鏡放大。最後眼睛所見之像，為比原物甚大之倒立虛像 $A''B''$，此倒立虛像位於明視距離處。

顯微鏡之放大率為目鏡之放大率 M_e 與物鏡之放大率 M_0 之乘積，如同望遠鏡實驗中所討論者。

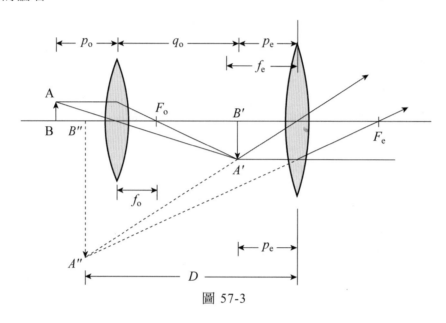

圖 57-3

儀 器

光學台、光具座、凸透鏡$(f=25\ cm)$、凹透鏡$(f=10\ cm)$，米尺 2，毛玻璃片、燈泡、橡皮圈 4（自備）。

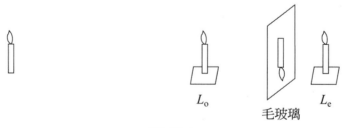

圖 57-4

步 驟

一、望遠鏡

1. 將一焦距較大之凸透鏡 L_0 置於光源後面約 2~3 米處（量其距離設為 P_0），充當物鏡，以光具座固定之，把毛玻璃片置於 L_0 後面，使光源之像清晰地呈現在毛玻璃片上，量毛玻璃片與 L_0 之距離設為 q_0。另取一焦距較短之凸透鏡 L_e 置於毛玻璃片後面充當目鏡，使其與毛玻璃片之距離略小於 L_e 之焦距，微調 L_e 之位置，直至可看到清晰的倒立虛像為止（可移開玻璃片），如裝置圖。

2. 量 L_0 與 L_e 之距離，即表望遠鏡長度設為 l，計算 $l - q_0 = P_e$。

3. 利用視差法測量步驟 1 中之倒立虛像與 L_e 之距離，即為 q_e。

4. 計算 L_0 之放大率 $M_0 = \dfrac{q_0}{P_0}$，L_e 之放大率 $M_e = \dfrac{q_e}{P_e}$，並算出 $M = M_0 M_e$。

5. 由 $\dfrac{1}{P_0} + \dfrac{1}{q_0} = \dfrac{1}{f_0}$、$\dfrac{1}{P_e} + \dfrac{1}{q_e} = \dfrac{1}{f_e}$ 算出 f_0、f_e 及 $M' = \dfrac{f_0}{f_e}$。

6. 在步驟 1 中之倒立虛像旁豎立一米尺 B，以米尺 A 代替光源，並在二直尺上分別套上二橡皮圈，量在 A 尺上二橡皮圈之間隔長為 N（約 3 cm），而後用一眼由 L_e 後面觀察 A 尺上二橡皮圈，另一眼由鏡外觀察並調整 B 尺上二橡皮圈，使二尺上之橡皮圈能對齊，量 B 尺上二橡皮圈之距離設為 n，計算 $M'' = n/N$；且與 M、M' 比較。

二、顯微鏡

　　將一焦距較小之凸透鏡置於光源後面約 15 cm 處充當物鏡 L_0，於 L_0 後方放上毛玻璃片，調整毛玻璃片之位置，使能清晰地見到光源之像落在玻璃片上，量光源與 L_0 之距離設為 P_0，量毛玻璃片與 L_0 之距離設為 q_0。再將焦距較大之凸透鏡放在毛玻璃片之後方充當目鏡 L_e，調整 L_e 使其與玻璃片之距離小於 f_e，移去玻璃片，微調 L_e 使能由 L_e 透鏡清晰地看到光源之像，同上述實驗步驟測量各值。

實·驗·報·告

實驗 57　望遠鏡及顯微鏡原理實驗

班級＿＿＿＿＿＿　組別＿＿＿＿＿＿　日期＿＿＿＿＿＿

姓名＿＿＿＿＿＿　學號＿＿＿＿＿＿　評分＿＿＿＿＿＿

記　錄

實驗次數		物　鏡 L_0			鏡距 l	物　鏡 L_e			放大率		步驟 6			比　較 $MM'M''$
		物距 p_0	像距 q_0	焦距 f_0		物距 p_e	像距 q_e	焦距 f_e	M	M'	A尺 N	B尺 n	放大率 M''	
望遠鏡	1													
	2													
	3													
顯微鏡	1													
	2													
	3													

問 題

1. 在進行實驗時，為何光源經物鏡所成的像與目鏡的距離須小於目鏡的焦距，原因何在？

2. 進行完顯微鏡及望遠鏡之實驗，試述此二實驗間之差異及相同之處。

討 論

實 驗 ⑤⑧

光的折射實驗

 雷射安全

1. 雷射光會造成視網膜的永久傷害，切記不可將雷射光射入自己或他人的眼睛。

2. 從光滑器物表面反射的雷射光也可能傷害到眼睛，操作中應隨時留意，不可使雷射光反射到自己或他人的頭部。

3. 雷射的內部有高壓電源，未經允許，不可隨意開啟外殼，以免觸電。

4. 雷射電源線的插頭應插到有接地線的插座，萬一雷射內部漏電，電流可經由接地線到地，不致傷害到人體。

5. 高功率雷射的光，縱使經過普通器物散射之後，也可能傷害人體。無論是操作人員或參觀者，都要嚴格遵守有關的安全規定。

目 的

測量稜鏡的折射率。

原 理

如圖 58-1 所示，雷射光射入稜鏡後，經過兩次折射，而從另一邊鏡面射出。光的入射方向與射出方向之間的夾角稱為「偏向角」，轉動稜鏡可以改變偏向角 Ψ

的大小。「最小的偏向角」Ψm，稜鏡的頂角 ϕ 和稜鏡的折射率 n 之間滿足如下的關係：

$$n = \frac{\sin(\frac{\phi + \Psi m}{2})}{\sin(\frac{\phi}{2})} \qquad (58\text{-}1)$$

利用遠距離，可以測出稜鏡折射率的精確值。

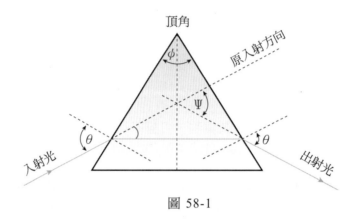

圖 58-1

儀 器

雷射、稜鏡、分度儀、量角器及米尺。

步 驟

1. 使雷射光垂直射到 1/2 m 遠的牆上或紙板上，標出入射光光點之位置。
   【注意：不可以在牆上直接畫記號！】
2. 以分度儀將稜鏡安裝在雷射光的路徑上，使光由稜鏡之一邊射入。
3. 轉動稜鏡，觀察雷射光偏折的情形。使偏向角度為最小時，標下出射光光點之位置。
4. 量出前後兩個光點之間的距離 d，以及稜鏡與牆之間的距離 D。以幾何三角法算出最小偏向角 Ψm。
5. 以量角器量稜鏡的頂角 ϕ。
6. 由 (58-1) 式計算稜鏡的折射率。

實·驗·報·告

實驗 58　光的折射實驗

班級＿＿＿＿＿＿　組別＿＿＿＿＿＿　日期＿＿＿＿＿＿

姓名＿＿＿＿＿＿　學號＿＿＿＿＿＿　評分＿＿＿＿＿＿

記　錄

次數	d	D	Ψm	ϕ	n
1					
2					
3					
				平均值	

問 題

1. 試證明(58-1)式，且此時光線必對稱地通過稜鏡，即 $\theta_i = \theta_r$（圖 58-1）。

討 論

附　錄 Appendix

光電計時裝置 I

一、儀表說明

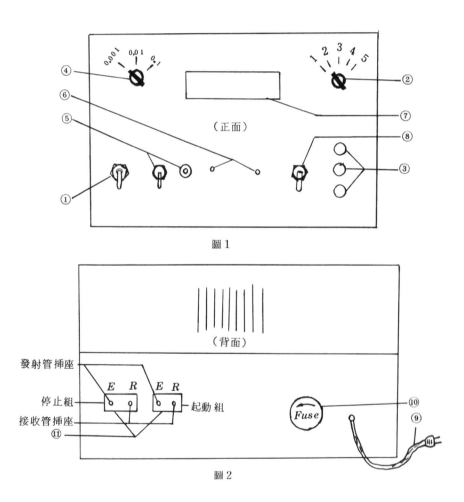

圖 1

圖 2

1. 電源開關(power switch)。

2. 控制選擇(function selector)。

3. 自我測試開關(self-check button)：reset、start、stop。

4. 時間選擇器(time indicator selector)：

(1) 單位：秒。

(2) 範圍：0.001 sec，0.01 sec，0.1 sec。

5. 電磁鐵開關及電磁鐵插座(electrical magnetic iron switch and socket)。

6. 光電管顯示器(photo-diode tube indicator)。

7. 計時顯示器(detect time indicator)。

8. 自動歸零(auto-reset)。

9. 電源線(power line)。

10. 保險絲(fuse)。

11. 光電管插座(photo-diode tube socket)。

二、操作說明（本儀表操作前之注意事項）

1. 光電管依圖 2 標誌指示插入各接收、發射位置。

2. 將電源開關撥至 on 位置。

3. 如圖 1 光電管顯示器的指示校正光電管發射、接收，使指示器燈亮，即表示光電管接收管能接收發射管之信號已能正常工作。

4. 光電計時器儀表之自我測試：

(1) 首先將控制選擇器轉至「功能 1」。

(2) 按「起動」開關，使計時顯示器開始計時。

(3) 測試「時間範圍」(0.001 sec，0.01 sec，0.1 sec)之數字。將「時間選擇器」撥至 0.1 sec 和 0.001 sec 範圍，觀察其計時數字。

(4) 如前述事項一切正常，則按「停止」按鈕使之停止計時。

(5) 計時停止後，按「歸零」按鈕使之歸零，以便儀器再次做自我測試或做偵測用。

5. 將電磁鐵用連接線接至電磁鐵插座，然後把開關撥至 on 後，用鐵球接觸電磁鐵使電磁鐵能吸住鐵球。如開關置於 off 位時，則電磁鐵磁力消失，鐵球就不受其吸引。

6. 自動歸零，為爾後偵測時做為自動歸零用。第三及第五段不能使用自動歸零。

三、功能說明

1. 本儀表之操作說明之自我測試做畢後，如已完全正常，則儀表即可正常使用。

2. 功能：

(1) 為自我測試，以及手動計時。

(2) 為測試計時器之「偵測起動」和「偵測停止」間之偵測時間。

(3) 為「電磁鐵 off」至「偵測停止」間之偵測時間。

(4) 為偵測「待測物之瞬時速度」。

(5) 為可預定偵測次數。

光電計時裝置 II

一、儀表說明

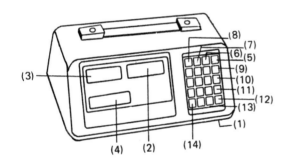 

1. **電源開關**：開機即顯示 UE-CHN 8512 後即可運作使用。

2. **時間顯示部分**：自 0.00000~99999.99999 秒顯示。

3. **光電管校準指示**：當光電管校準時即有「▼」指示標識。

4. **功能顯示部分**：指示設定功能運作狀況。

5. **功能鍵**：設定功能(fuction)多種。

6. **時基設定鍵**：採循環設定，指示 100~0.01/m sec 數值。

7. **次數設定鍵**：功能運作過程中，設定次數用。

8. **時間設定鍵**：功能運作過程中設定時間用。

9. **時距鍵**：於功能五，按此鍵可求取單位運作（半週期）時間。

10. **啟動鍵**：手動控制啟動計時。

11. **停止鍵**：手動控制停止計時。

12. **歸零鍵**：計時歸零使用。

13. **清除鍵**：清除設定錯誤更改用鍵。

14. **阿拉伯數字鍵**(0~9)：用來輸入數字資料設定用。

二、功能及操作方法

Fuction 1：手動控制計時，計時自 0~99999.99999 秒

操作程序：

　　　　功能→1→歸零→啟動→停止

Fuction 2：時間設定計時

操作程序：

　　　　功能→2→時間設定→數字→歸零→啟動

Fuction 3：($V_0＝0$)六段時距計算功能

操作程序：

　　　　功能→3→歸零→電磁鐵啟動

　　　　通過四組光電管停止計時

　　　　　　$d=\ ?\ -\ ?\ →1、2 \Rightarrow d=1-2$

　　　　　　　　　$→1、3 \Rightarrow d=1-3$

　　　　　　　　　$→1、4 \Rightarrow d=1-4$

　　　　　　　　　$→2、3 \Rightarrow d=2-3$

　　　　　　　　　$→2、4 \Rightarrow d=2-4$

　　　　　　　　　$→3、4 \Rightarrow d=3-4$

Fuction 4：($V_0＝0$)十段時距計算功能

操作程序：

功能→4→歸零　電磁啟動　啟動

通過四組光電管停止計時

$$d=\ ?\ -\ ?\ \to 5 \cdot 1 \Rightarrow d=0-1$$
$$\to 5 \cdot 2 \Rightarrow d=0-2$$
$$\to 5 \cdot 3 \Rightarrow d=0-3$$
$$\to 5 \cdot 4 \Rightarrow d=0-4$$
$$\to 1 \cdot 2 \Rightarrow d=1-2$$
$$\to 1 \cdot 3 \Rightarrow d=1-3$$
$$\to 1 \cdot 4 \Rightarrow d=1-4$$
$$\to 2 \cdot 3 \Rightarrow d=2-3$$
$$\to 2 \cdot 4 \Rightarrow d=2-4$$
$$\to 3 \cdot 4 \Rightarrow d=3-4$$

Function 5：計次計時功能

操作程序：

功能→5→次數設定→數字→歸零→啟動

俟計次達次數設定值時，即自動停止　時距　單位運作（半週期）時間

Fuction 6：物體截面時間偵測

操作程序：

功能→6→次數設定→數字→歸零→啟動

俟通過次數到達設定次數時，即自動停止

$P_n=\ ?\ \to 1 \Rightarrow$　循環顯示通過第一支光電管截面時間

$$\vdots$$
2
$$\vdots$$
3
$$\vdots$$
4

Fuction 7：頻率檢示功能

操作程序：

功能→7→時間設定→數字→歸零→啟動

俟計時達時間設定時即停止計次計時　　測得定時間內之次數

Function 8：碰撞二次（八組數據）

操作程序：

功能→8→歸零→啟動

時距含小數點表示碰撞後之時間

New Wun Ching Developmental Publishing Co., Ltd.

New Age · New Choice · The Best Selected Educational Publications — NEW WCDP

新文京開發出版股份有限公司

NEW
WCDP

新世紀‧新視野‧新文京 ─ 精選教科書‧考試用書‧專業參考書